好老公必学

老婆这样吃
更漂亮，心情好

甘智荣 主编

U0344538

吉林科学技术出版社

图书在版编目（ＣＩＰ）数据

好老公必学 老婆这样吃更漂亮，心情好 / 甘智荣
主编． -- 长春：吉林科学技术出版社，2015.6
ISBN 978-7-5384-9325-2

Ⅰ．①好… Ⅱ．①甘… Ⅲ．①食谱
Ⅳ．① TS972.12

中国版本图书馆 CIP 数据核字（2015）第 124982 号

好老公必学 老婆这样吃更漂亮，心情好

Haolaogong Bixue Laopo Zheyangchi Gengpiaoliang Xinqinghao

主　　编　甘智荣
出 版 人　李　梁
责任编辑　李红梅
策划编辑　黄　佳
封面设计　伍　丽
版式设计　谢丹丹
开　　本　723mm×1020mm　1/16
字　　数　200千字
印　　张　15
印　　数　10000册
版　　次　2015年7月第1版
印　　次　2015年7月第1次印刷

出　　版　吉林科学技术出版社
发　　行　吉林科学技术出版社
地　　址　长春市人民大街4646号
邮　　编　130021
发行部电话/传真　0431-85635177　85651759　85651628
　　　　　　　　　85677817　85600611　85670016
储运部电话　0431-84612872
编辑部电话　0431-86037576
网　　址　www.jlstp.net
印　　刷　深圳市雅佳图印刷有限公司

书　　号　ISBN　978-7-5384-9325-2
定　　价　29.80元

Part 1

为爱下厨
——好老公必学的烹饪技巧

CONTENTS
目录

Part 2

漂亮老婆吃出来
——为老婆做美容养颜餐

● **补充蛋白质——增强免疫力**

● **碳水化合物——补充能量有活力**

Part 3

好心情从早到晚
——为老婆做美味三餐

Part 4

好气色年复一年
——为老婆做节日大餐

让美丽从内到外

Part 5

——为老婆做五脏调理餐

Part 6

让健康一生相随
——老婆特殊时期调理餐

Part 1

为爱下厨

——好老公必学的烹饪技巧

您是否还对下厨房做饭心存恐惧？您是否还对烹饪的技巧感到格外困惑？其实，要做出色香味俱全的美味菜肴并不难，除了经常烹饪练习出的熟练度，一些平时您没有注意到的小技巧或许就是成功烹饪的关键！烹饪小技巧，让您下厨房变得更加轻松、有趣而健康！无论是刀工、食材及主食预处理、调料选择还是烹饪技巧，您都能够在这里一"网"打尽！来学做一个进得了厨房，出得了厅堂的好老公吧！

常用刀工详解

用刀其实很有讲究，它是根据原料的不同性质（脆嫩、软韧、老硬）采用不同的运刀方法，可将食物切成截面光滑、棱角分明的片、斜片、块、滚刀、条、丝、丁、粒、茸、花纹等形状。

╱ 切片 ╱

常用材料：蘑菇、洋葱、白菜、冬笋、竹笋、鱼类等。

1.取洗净的杏鲍菇，用刀将一侧切平整。

2.将杏鲍菇切成片状。

3.将剩余的杏鲍菇切成片即可。

╱ 切块 ╱

常用材料：胡萝卜、瓜类等。

1.取一条洗净的丝瓜，纵向对半切开。

2.取其中的一半，纵向对半切开成长条状。

3.将另一半也对半切开成长条状。

4.将丝瓜条摆放整齐，用刀切块状。

5.依次将条状丝瓜切成均匀的块状。

6.将丝瓜块摆放整齐，装起来即可。

/ 切段 /

常用材料：葱、西芹、芹菜、芦笋等。

1.将洗净的芹菜摆放好，一端对齐。

2.用刀横向切段。

3.以此法将芹菜全部切完即可。

/ 切条 /

常用材料：白菜、萝卜、竹笋、椰菜、瓜类等。

1.先将苦瓜切成均匀的几个大块。

2.将苦瓜块改刀。

3.把苦瓜块切成条状即可。

/ 切丝 /

常用材料：黄瓜、萝卜、白菜等。

1.取洗净的白菜，依次切成均匀的片状。

2.将片摆放整齐，用刀切丝状。

3.用刀将片依次切成均匀的丝状即可。

/ 切丁 /

常用材料：胡萝卜、香菇、葱、蒜、芹菜、韭菜和萝卜等。

1.将整个香菇切成三等份 的条。　2.把香菇条切成1厘米的 小丁状。　3.把其余的香菇都切成小 丁即可。

/ 切粒 /

常用材料：葱、蒜、芹菜、蒜苗、韭菜和萝卜等。

1.取洗净的蒜苗，将蒜苗 梗纵向切开。　2.用刀将蒜苗切粒状。　3.用刀依次将蒜苗切成均 匀的粒状即可。

/ 切末 /

常用材料：姜、西芫荽、虾米、蒜头和豆鼓等。

1.取洗净的金针菇，摆放 整齐，用直刀法切末。　2.将金针菇依次切成均匀 的末。　3.将所有的金针菇切成末 即可。

常见肉类预处理图解

很多肉类食材在烹饪前需要仔细处理，才能保证烹饪质量，保证菜肴的色、香、味等，比如猪肚、猪大肠、牛肚等，其处理方式还是有一定技巧的。

/ 猪肚预处理 /

1.将猪肚放在盆里。

2.加入适量白醋。

3.再加适量淀粉。

4.用手揉搓、抓洗猪肚。

5.将猪肚内翻外，在白醋和淀粉中清洗后，再放在流水下冲洗。

6.将猪肚内外冲洗干净，沥干水分即可。

/ 猪大肠预处理 /

1.猪大肠放入盆中，放入洗净的葱结。

2.将葱和大肠一起揉搓，直至大肠无滑腻感。

3.将搓洗过的大肠放在水龙头下反复冲洗。

4.猪大肠洗净后，倒入一些淀粉。

5.搅拌均匀后，反复揉搓。

6.再用清水冲洗干净，沥干即可。

猪肝预处理

1.将猪肝用水将肝血洗净。

2.将猪肝放入碗中，加入清水，加入适量白醋，浸泡15分钟。

3.用清水将猪肝冲洗干净。

猪肉预处理

1.猪肉放入盆中，倒入淘米水。

2.用手将猪肉在淘米水中抓洗。

3.再用清水冲洗干净即可。

牛肉预处理

1.将牛肉放入盆中，倒入淘米水。

2.用手抓洗，揉搓牛肉。

3.用清水将牛肉冲洗干净。

牛肚预处理

1.将牛肚放在盆里，加入清水，加入适量的食盐。

2.加入适量的白醋，用手搅匀，浸泡15分钟左右。

3.用双手反复揉搓牛肚，再用清水冲洗干净，沥干水分即可。

用好调料，为爱心餐增色添香

烹调的目的是使饮食更营养，使味道更鲜美。而在烹调中，五花八门的调料更是必不可少的角色。合理使用它们，不仅能使食物的口味有很大提升，对保留食物的营养，一样颇有益处。

/ 常用粉类调味品 /

盐（低钠盐）：烹调时最重要的味料。其渗透力强，适合腌制食物，但需注意腌制时间与量。

味精：可增添食物之鲜味。尤其加入汤类共煮最适合。

食糖：用于调味的糖，一般指用甘蔗或甜菜精制的白砂糖或绵白糖，也包括淀粉糖浆、饴糖、葡萄糖、乳糖等。红烧及卤菜中加入少许糖，可增添菜肴风味及色泽。

生粉：为芡粉之一种，使用时先使其溶于水再勾芡，可使汤汁浓稠。此外，用于油炸物的沾粉时可增加脆感。用于上浆时，则可使食物保持滑嫩。

鸡粉：以味精、食用盐、鸡肉和鸡骨的粉末或其浓缩抽提物、呈味核苷酸二钠及其他辅料为原料，添加或不添加香辛料和/或食用香料等增香剂，经混合干燥加工而成，具有鸡的鲜味和香味的复合调味料。

海鲜粉：以海产鱼、虾、贝类的粉末或其浓缩抽提物、味精、食用盐及其他辅料为原料，添加或不添加香辛料和/或食用香料等增香剂，经加工而成的具有海鲜香味和鲜美滋味的复合调味料。

排骨粉：以猪排骨或猪肉的浓缩抽提物、味精、食用盐、食糖和面粉为主要原料，添加香辛料、呈味核苷酸二钠等其他辅料，经混合干燥加工而成的具有排骨鲜味和香味的复合调味料。

牛肉粉：以牛肉的粉末或其浓缩抽提物、味精、食用盐及其他辅料为原料，添加或不添加香辛料和/或食用香料等增香剂，经加工而成的具有牛肉鲜味和香味的复合调味料。

五香粉：五香粉包含桂皮、大茴香、花椒、丁香、甘香、陈皮等香料，味浓，宜酌量使用。

/ 常用香料及其他调味品 /

葱：常用于爆香、去腥。

姜：可去腥、除臭，并提高菜肴风味。

辣椒：可使菜肴增加辣味，并使菜肴色彩鲜艳。

蒜头：常用之爆香料，可搭配菜色切片或切碎。

花椒：亦称川椒，常用来红烧及卤。花椒粒炒香后磨成的粉末即为花椒粉，若加入炒黄的盐则成为花椒盐，常用於油炸食物沾食之用。

胡椒：辛辣中带有芳香，可去腥及增添香味。白胡椒较温和，黑胡椒味则较重。

八角：又称大茴香，常用于红烧及卤。香气极浓，宜酌量使用。

干辣椒：可去腻、膻味。将籽去除，以油爆炒时，需注意火候，不宜炒焦。

洋葱：可增香。切碎爆香时，应注意火候，若炒得过焦，则会有苦味。

豆豉：干豆豉用前以水泡软，再切碎使用。湿豆豉只要洗净即可使用。

/ 常用液体及酱料调味品 /

酱油：可使菜肴入味，更能增加食物的色泽。适合红烧及制作卤味。

蚝油：蚝油本身很咸，可以糖稍微中和其咸度。

沙拉油：常见的烹调用油，亦可用于烹制糕点。

麻油（香油）：菜肴起锅前淋上，可增香味。腌制食物时，亦可加入以增添香味。

米酒：烹调鱼、肉类时添加少许的酒，可去腥味。

辣椒酱：红辣椒磨成的酱，呈赤红色黏稠状，又称辣酱。可增添辣味和色泽。

甜面酱：本身味咸。用油以小火炒过可去酱酸味。亦可用水调稀，并加少许糖调味，风味更佳。

辣豆瓣酱：以豆瓣酱调味之菜肴，无需加入太多酱油，以免成品过咸。以油爆过色泽及味道较好。

芝麻酱：本身较干。可以冷水或冷高汤调稀。

番茄酱：常用于茄汁、糖醋等菜肴，可增添风味。

醋：乌醋不宜久煮，于起锅前加入即可，以免香味散去。白醋略煮可使酸味较淡。

XO酱：大部份主要是由诸多海鲜精华浓缩而成，适用于各项海鲜料理。

美味菜肴，烹饪技巧要知晓

在厨房里，有许多的烹饪技巧和小窍门值得您去学习和好好应用，它不仅能帮助您顺利完成每一道菜，还能使菜肴更加营养美味。

/ 先洗菜后切菜 /

蔬菜先洗后切与先切后洗营养差别很大！以新鲜绿叶蔬菜为例：在洗、切后马上测其维生素C的损失率是0～1%；切后浸泡10分钟，维生素C会损失16%～18.5%；切后浸泡30分钟，则维生素C会损失30%以上。此外还要注意，切菜时一般不宜切太碎。可用手折断的菜，尽量少用刀，因为铁会加速维生素C的氧化。

/ 淘米有讲究 /

有些人认为，淘米不淘个三五遍，不使劲揉搓，就不能把米淘干净。专家告诉你：淘米次数不可过多，一般用清水淘洗两遍即可，更不要使劲揉搓，因为每淘洗一次，硫胺素会损失31%以上，核黄素损失25%左右，无机盐损失70%左右，蛋白质损失16%左右，脂肪损失43%左右。

/ 如何快速去西红柿的皮 /

在西红柿顶部用小刀割一个十字口，然后把西红柿放在碗里倒上滚开的热水，一会儿开口的皮自动卷起来，揭下来即可。用勺子刮西红柿，当西红柿变软时，在柿子上割个口揭下即可。

/ 蒸蛋的小窍门 /

加入蛋液中的水要用凉开水，而不能用冷水。因冷水里有空气，水被烧开后空气排出，蛋羹出现蜂窝。而用凉开水蒸蛋羹，表面光滑似豆腐脑。蒸制的时间要恰到好处，时间长了，碗的四周出现许多小泡，碗中间浮着一层水。蛋羹蒸到何时才算熟了呢？蒸到

7~8分钟后揭开锅盖，稍倾碗，视碗里的蛋液全部凝结，就可离火了。配以香油、葱末、味精、少许酱油，味道会很美！

/ 做好清蒸鱼的小窍门 /

先在鱼肉比较厚的地方片几刀这样方便入味，不然料子味道进不来。清蒸鱼最难拿捏不是火候问题，而是去腥问题，因为腥气是清蒸鱼做好与坏的关键，所以这一步一定要用心。把片好的鱼放到盆里，然后把葱姜料酒、盐适量倒入盆里腌制半个小时左右。把鱼放到篦子上，记住要让鱼上下透气，在锅里大火蒸10~15分钟即可，一般鱼身最后的脊骨处的鱼肉离骨是就是全熟了。

/ 煎鱼不粘锅的技巧 /

①如是鲜鱼，可不除鳞，将鱼洗净后，晾去水分，下热油煎。如是腌鱼煎前应除鱼鳞，洗干净。

②将锅烧热后，倒些凉油涮下锅，马上倒出，再倒入凉油后微火慢煎。

③把鱼或鱼块沾一层薄面，或在蛋液中滚一下，放入热油中煎。

④将锅烧热后多放些油，鱼晾去水分，先将鱼放在锅铲上，再将锅铲放入油锅中，先使鱼在铲上预热，然后放入油中慢煎。

⑤煎鱼用锅一定要刷洗干净，坐锅后用一块鲜姜断面将热锅擦一遍，再将油倒入，用锅铲搅动使锅壁沾遍油，热后放鱼，煎至鱼皮紧缩发挺，微呈黄色即可。

⑥在热油锅中放入少许白糖，待白糖呈微黄时，将鱼放入锅中，不仅不粘锅，且色美味香。

/ 煲汤要水开才放料 /

煲汤冷水或开水放下材料均可，对味道或营养都没有影响，只是冷水放材料易粘底。因为材料放入煲内便坠落煲底，待水开时已隔一段时间，于是便易与煲底粘在一起。水开才放材料，是因为水中的气泡不停地把材料冲动，使材料不致坠在煲底，所以水开才下材料较好。而炖汤无论用水或上汤，都要煮沸后才放入炖盅内，如果把冷水放入炖盅与材料同炖，这样炖的时间就要加长了，因为要等炖盅内的水炖开后，盅内的材料才受热，所以炖汤时要煲沸水后放入炖盅较好。

蒸茄子不发黑的小窍门

茄子洗净去皮，把茄子上切几刀，但不切断。白开水中放入少许白醋和盐，把茄子放进去，让茄身充分沾满放入白醋和盐的水。沾满水后再把茄子放进去泡20分钟，这是茄子会浮起来，大家可以拿个盘子压上面。蒸锅中注水，水开后把泡好的茄子放进去蒸20分钟即可，整出来的茄子就不会发黑了！

腐竹怎么泡才能迅速变软

泡发腐竹时，最好使用凉水浸泡，这样不但可以使腐竹的味道不流失，外观也比较整齐干净。但是凉水泡发腐竹所需的时间较长，通常需要4到6个小时，如果着急下锅可以用温水代替凉水，也能使腐竹浸泡得软硬一致，时间可缩短一半。千万不能把腐竹浸泡在沸水中，否则容易造成软硬不均匀，甚至外烂内硬的现象。另外，用微波炉泡发腐竹也是一个不错的办法，用带盖的容器放没过腐竹的水量，高火加热三至五分钟，根据腐竹量多少而定，就很快发好了，对于上班族们是很省时的。

出锅时再放盐

青菜在制作时应少放盐，否则容易出汤，导致水溶性维生素丢失。炒菜出锅时再放盐，这样盐分不会渗入菜中，而是均匀撒在表面，能减少摄盐量；或把盐直接撒在菜上，舌部味蕾受到强烈刺激，能唤起食欲。鲜鱼类可采用清蒸、油浸等少油、少盐的方法。肉类也可以做成蒜泥白肉、麻辣白肉等菜肴，既可改善风味又减少盐的摄入。

快速解冻肉的窍门

①适用整块肉：接半盆水，在水中加入一些醋，把肉放在水里，30分钟便可让肉完全解冻。醋的量要控制好，半盆水大概加20毫升的醋。

②用两个铝盆5分钟快速解冻肉：将一个铝盆倒扣在桌上，然后将冻肉放在铝盆底上。再将另一个铝盆底部朝下，轻轻放在冻肉上。10分钟就可以化好冻肉。本窍门是利用铝的

导热性比较强的特性来解冻肉。但要注意，不锈钢的盆不适用。

③适用肉馅：拿出一个方便面口袋，将买回来的、还没有冻上的肉馅装进袋子中，然后将袋子放平，用手在袋子上按压，直到把肉馅按成一个扁平的薄片为止。注意一只手压住袋口，不要让肉馅挤出来。这样就可以放入冰箱了。无论袋子大小，都要将肉按成薄片状。解冻时，将方便面袋拿到水龙头下面，用很小水流冲，边冲边用手抹掉袋子上的冰，正反两侧都冲到，但尽量不要让水进入袋子中。

这时候肉馅已经和袋子分离了，再冲一冲，前后捏一捏，肉馅几下就软了。下面把肉馅从袋子中取出，放入碗里，很容易就掰成小块儿了！在这时拌上料酒、盐、鸡精、酱油等炒菜时要用的调味料，搅拌几下，肉馅就能完全化开。

快速化冻肉馅的秘密就在于把肉馅压成一个平面再冻，这样不会冻出硬心，化的时候受热面积也大，大约10分钟左右就能全部搞定了。

Part 2

漂亮老婆吃出来

——为老婆做美容养颜餐

漂亮老婆是养出来的美丽，老公爱老婆，懂得如何保养，通过各类营养素来提升自身的魅力。不怕麻烦，除了保持良好的生活习惯外，在饮食方面也要注意，其实生活中有很多美味美容的食物，自然的食疗补法才是最佳选择，经济实惠又有效。本章让老公为老婆做全面可口的营养餐，让老婆动人自信。

补充蛋白质——增强免疫力

蛋白质是机体免疫防御体系的"建筑原材料"，我们人体的各免疫器官以及血清中参与体液免疫的抗体（免疫球蛋白）、补体等重要活性物质都主要由蛋白质参与构成。除此之外，蛋白质还维持着人体皮肤的弹性和韧性，能使皮肤细胞变得丰满，从而使肌肤皱纹减少，皮肤细腻和富有光泽。由于皮肤新陈代谢状态旺盛，在这个过程中角质层脱落会失去蛋白质，人体必须及时进行补充。

如果饮食中缺少蛋白质，身体会把肌肉转化为蛋白质和氨基酸来维持主要器官功能，肌肉因此萎缩，皮肤就会老化而失去弹性，出现皱纹、褐斑、干燥、粗糙、瘙痒、衰老，头发稀疏，失去光泽，干枯易断等现象。

蛋白质来源于动物性食物和植物性食物。蛋白质含量高的食物包括动物肝脏、蛋、瘦肉、大豆、奶和奶制品、花生、核桃等，富含胶原蛋白食物有猪蹄、动物筋腱和猪皮等。

五香酱牛肉

● 难易度：★★☆

● 烹饪时间：63分钟　　● 烹饪方式：卤

原料：牛肉400克，花椒、茴香各5克，香叶1克，桂皮2片，草果2个，八角2个，朝天椒5克，葱段20克，姜片少许，去壳熟鸡蛋2个

调料：老抽、料酒各5毫升，生抽30毫升

• • 做法 • •

1 洗净的牛肉装入碗中，放入所有调料充分拌匀，用保鲜膜密封碗口，放入冰箱保鲜24小时。

2 取出牛肉和酱倒入砂锅，注水，放葱段、鸡蛋，大火煮开后转小火煮1小时。

3 把酱牛肉、鸡蛋、酱汁盛出放凉后用保鲜膜密封碗口，放入冰箱冷藏12小时，将鸡蛋切开，酱牛肉切片，浇卤汁即可。

蘑菇无花果炖乌鸡

● 难易度：★★☆
● 烹饪时间：125分钟　　● 烹饪方式：炖

原料：乌鸡块500克，水发姬松茸60克，水发香菇50克，无花果35克，姜片少许
调料：盐3克，鸡粉3克，胡椒粉少许

● · 做法 · ●

1 洗好的姬松茸去掉柄部。
2 锅中注入清水烧开，放入乌鸡块，氽去血水，捞出，沥干水分。
3 砂锅注入清水，倒入乌鸡块、姬松茸、香菇、无花果、姜片，搅匀，炖2小时至食材熟，放入盐、鸡粉、胡椒粉，拌匀，将炖好的菜肴盛出装入碗中即可。

丁香鸭

● 难易度：★★☆
● 烹饪时间：31分钟　　● 烹饪方式：焖

原料：鸭肉400克，桂皮、八角、丁香、草豆蔻、花椒各适量，姜片、葱段少许
调料：盐2克，冰糖20克，料酒5毫升，生抽6毫升，食用油适量

● · 做法 · ●

1 将洗净的鸭肉斩成小件。
2 鸭肉块焯水，捞出，沥干水分。
3 用油起锅，加入姜片、葱段、鸭肉、料酒、生抽，炒匀，放入冰糖、桂皮、八角、丁香、草豆蔻、花椒、清水、盐，煮约30分钟，拣出姜葱以及其他香料，盛在盘中即可。

香芋煮鲫鱼

难易度：★★☆

烹饪时间：二十分钟 ● 烹饪方式：煮

原料：净鲫鱼400克，芋头80克，鸡蛋液45克，枸杞12克，姜丝、蒜末各少许，清水适量

调料：盐2克，白糖少许，食用油适量

•• 做法

1 将去皮洗净的芋头切细丝。

2 鲫鱼处理干净，两侧切上一字刀花，撒上少许盐抹匀，腌渍。

3 热锅注油，烧至五成热，倒入芋头丝炸香，捞出沥干油待用。

4 用油起锅，放入腌渍好的鱼，炸至两面断生后捞出，待用。

5 锅留底油烧热，撒上姜丝，爆香，注水，放入鲫鱼大火煮沸，盖上盖，用中火煮约6分钟，至食材七八成熟。

6 把芋头丝倒入锅中，撒上蒜末、枸杞、鸡蛋液、盐、白糖，转大火煮约2分钟，至食材熟透盛入碗中即可。

\ tips /

放入鲫鱼前最好先将水煮沸，这样能使汤汁的口感更鲜美。

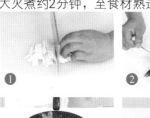

肉丝黄豆汤

● 难易度：★★☆

● 烹饪时间：49分钟　● 烹饪方式：煮

原料：水发黄豆250克，五花肉100克，猪皮30克，葱花少许

调料：盐、鸡粉各1克

`··做法··`

1 猪皮洗净切条，五花肉洗净切丝。

2 砂锅中注水，倒入猪皮条，煮15分钟，加入泡好的黄豆，煮约30分钟，放入切好的五花肉，拌匀。

3 加入盐、鸡粉，拌匀，稍煮3分钟至五花肉熟透，盛出煮好的汤，撒上葱花即可。

虾米干贝蒸蛋羹

● 难易度：★★☆

● 烹饪时间：9分钟　● 烹饪方式：蒸

原料：鸡蛋120克，水发干贝40克，虾米90克，葱花少许

调料：生抽5毫升，芝麻油、盐各适量

`··做法··`

1 取碗，打入鸡蛋，加盐、温水搅匀。

2 将搅好的蛋液倒入蒸碗中，蒸锅上火烧开，放上蛋液，蒸5分钟至熟，在蛋羹上撒上虾米、干贝，续蒸3分钟至入味。

3 取出蛋羹，加入生抽、芝麻油，撒上葱花即可。

双豆芝麻豆浆

● 难易度：★★☆
● 烹饪时间：21分钟 ● 烹饪方式：榨汁

原料：黑芝麻30克，红豆35克，水发黄豆55克

・・ 做法 ・・

1 将红豆倒入碗中，放入已浸泡8小时的黄豆，加入适量清水洗干净，再将洗好的材料倒入滤网，沥干水分。

2 把洗好的材料倒入豆浆机中，放入黑芝麻，注水至水位线，盖上豆浆机机头，选择"五谷"程序，再选择"开始"键，开始打浆。

3 待豆浆机运转约20分钟，即成豆浆，滤取豆浆，倒入碗中即可。

鹌鹑蛋牛奶

● 难易度：★☆☆
● 烹饪时间：2分钟 ● 烹饪方式：煮

原料：熟鹌鹑蛋100克，牛奶80毫升
调料：白糖5克

・・ 做法 ・・

1 熟鹌鹑蛋对半切开。

2 砂锅中注入清水烧开，倒入牛奶、鹌鹑蛋，搅拌，煮约1分钟。

3 加入白糖，搅匀，煮至溶化，盛出煮好的汤料，装入碗中，待稍微放凉即可食用。

腐竹板栗猪肚汤

● 难易度：★★☆
● 烹饪时间：192分钟
● 烹饪方式：煮

原料：猪肚300克，瘦肉200克，水发腐竹150克，板栗100克，红枣10克

调料：盐2克

tips

冷水浸泡腐竹可以保证腐竹的完整，不易破碎。

做法

1 洗净的瘦肉切块；猪肚切粗丝；腐竹切段。

2 锅中注入适量清水烧开，倒入瘦肉，汆煮片刻，沥干备用；再放入猪肚，汆煮片刻沥干待用。

3 砂锅中注入适量清水，倒入猪肚、瘦肉、板栗、红枣拌匀，加盖，大火煮开后转小火煮3小时。

4 揭盖，放入腐竹，煮10分钟至腐竹熟，加盐，搅匀调味，盛入碗中即可。

碳水化合物——补充能量有活力

碳水化合物是人体营养的重要组成部分，每克碳水化合物产热4千卡，人体摄入的主食在体内经消化变成葡萄糖或其他单糖参加机体代谢，是生命活动能量最主要、最经济、最安全、最直接的提供者。葡萄糖、蔗糖、淀粉等都属于碳水化合物，它们分解的能量是一切生物体维持生命活动的源泉

人体缺乏碳水化合物，会导致全身无力、疲乏、血糖含量降低，产生头晕、心悸、脑功能障碍等，并对身体重要器官造成不可逆的损伤，严重者还会导致昏迷死亡。如果女性朋友因为碳水化合物摄入不足而产生上述各种症状，就毫无美丽、魅力可言了。

碳水化合物的主要食物来源有：糖类、谷物（如水稻、小麦、玉米、大麦、燕麦、高粱等）、水果（如甘蔗、甜瓜、西瓜、香蕉、葡萄等）、干果类、干豆类、根茎蔬菜类（如胡萝卜、番薯等）等。

玉米炒豌豆

● 难易度：★★☆
● 烹饪时间：2分钟　● 烹饪方式：炒

原料：鲜玉米粒200克，胡萝卜70克，豌豆180克，姜片、蒜末、葱段各少许

调料：盐3克，鸡粉2克，料酒4毫升，水淀粉、食用油各适量

•• 做法 ••

1 将洗净去皮的胡萝卜切成粒。

2 胡萝卜粒、豌豆、玉米粒焯水后捞出，沥干水分待用。

3 用油起锅，放入姜片、蒜末、葱段爆香，倒入焯煮过的食材，翻炒匀。

4 加料酒、鸡粉、盐，翻炒入味，倒入少许水淀粉勾芡，盛在盘中即成。

素炒芋头片

● 难易度：★★☆
● 烹饪时间：5分钟　● 烹饪方式：炒

原料：去皮芋头230克，彩椒10克，红椒5克，葱花少许

调料：盐、白糖各2克，鸡粉3克，食用油适量

· · 做法 · ·

1　洗净的芋头切片，洗好的红椒切丁，洗净的彩椒切丁。

2　用油起锅，放入芋头片，煎约2分钟至微黄色，倒入红椒、彩椒，炒匀。

3　加入盐、鸡粉、白糖，炒约2分钟至熟，放入葱花，将炒好的芋头片盛出装入盘中即可。

山药胡萝卜鸡翅汤

● 难易度：★★☆
● 烹饪时间：32分钟　● 烹饪方式：煮

原料：山药180克，鸡中翅150克，胡萝卜100克，姜片、葱花各少许

调料：盐2克，鸡粉2克，胡椒粉少许，料酒适量

· · 做法 · ·

1　洗净去皮的山药切丁，洗好去皮的胡萝卜切块，洗净的鸡中翅斩块。

2　鸡中翅焯水。

3　砂锅中注水烧开，倒入鸡中翅、胡萝卜、山药、姜片、料酒，煮30分钟，放入盐、鸡粉、胡椒粉，撇去浮沫，盛入碗中，放葱花即可。

酱香小土豆

● 难易度：★★☆
● 烹饪时间：31分钟 ● 烹饪方式：烧

原料：小土豆550克，花椒10克，八角、桂皮、姜片、葱花、葱段各少许

调料：生抽8毫升，盐3克，白糖3克，鸡粉2克，水淀粉4毫升，食用油适量

●‥ 做法 ‥●

1 热锅注油烧热，倒入桂皮、八角、花椒、姜片、葱段，爆香。

2 加入生抽、清水，放入洗净的小土豆、盐、白糖，煮30分钟至熟透。

3 加入鸡粉、水淀粉，炒匀，将炒好的土豆盛入盘中，撒上葱花即可。

煎米饼

● 难易度：★★☆
● 烹饪时间：3分钟 ● 烹饪方式：煎

原料：冷米饭120克，豌豆50克，杏鲍菇35克，胡萝卜40克，虾仁45克

调料：盐2克，白糖2克，黑胡椒粉少许，水淀粉、生粉、食用油各适量

●‥ 做法 ‥●

1 洗净的杏鲍菇、胡萝卜、虾仁切块。

2 豌豆、杏鲍菇、虾仁、胡萝卜焯水，捞出，沥干水分。

3 碗中放入焯过水的材料，倒入冷米饭、白糖、黑胡椒粉、水淀粉、生粉，拌匀，煎锅注油烧热，放入拌好的食材，煎至两面熟透，盛出即可。

拔丝红薯莲子

- 难易度：★★☆
- 烹饪时间：3分钟 ● 烹饪方式：炒

原料：红薯150克，水发莲子90克
调料：白糖35克

tips

装盘后，要趁热用筷子夹起红薯块，才有拔丝的效果。

··· 做法 ···

1 将洗净去皮的红薯切厚片，切条，改切丁；莲子去掉莲子芯，待用。

2 热锅注油烧至四五成热，放入红薯块，搅拌，炸约1分钟；加入莲子，搅拌，再炸约半分钟，捞出沥干油。

3 锅中注入适量清水，放入白糖，不停搅拌，中火煮至融化，熬煮成色泽微黄的糖浆。

4 倒入红薯和莲子，翻炒均匀，盛出装盘，拔出丝即可。

四季豆荞麦面

难易度：★★☆

●烹饪时间：9分钟 ●烹饪方式：煮

原料：荞麦面135克，四季豆50克，水发香菇40克，油豆腐65克
调料：盐、鸡粉各2克，生抽5毫升

·· 做法 ··

1 锅中注入适量清水烧开，放入备好的荞麦面。

2 拌匀，用中火煮熟，捞出材料，沥干水分，待用。

3 另起锅，注入适量清水烧开，倒入洗净的四季豆。

4 撒上备好的香菇和油豆腐，用大火煮约3分钟，至食材熟透。

5 加入盐、鸡粉，淋上适量生抽，拌匀调味，制成汤料，待用。

6 取一个汤碗，倒入煮熟的荞麦面，再盛入锅中的汤料即成。

tips

香菇菌盖上最好切上花刀，这样更易入味。

山药南瓜粥

● 难易度：★★☆

● 烹饪时间：46分钟 ● 烹饪方式：煮

原料：山药85克，南瓜120克，水发大米120克，葱花少许

调料：盐2克，鸡粉2克

做法

1 将洗净去皮的山药切丁，去皮洗好的南瓜切丁。

2 砂锅中注入清水烧开，倒入大米，煮30分钟，至大米熟软，放入南瓜、山药，煮15分钟，至食材熟烂。

3 加入盐、鸡粉，搅匀，将煮好的粥盛入碗中，撒上葱花即可。

香蕉燕麦粥

● 难易度：★★☆

● 烹饪时间：35分钟 ● 烹饪方式：煮

原料：水发燕麦160克，香蕉120克，枸杞少许

做法

1 将洗净的香蕉剥去果皮，把果肉切成丁。

2 砂锅中注入清水烧热，倒入洗好的燕麦，煮30分钟至燕麦熟透。

3 倒入香蕉、枸杞，拌匀，煮5分钟，盛出煮好的燕麦粥即可。

适量脂类——维持皮肤弹性

现今，不少人谈"脂"色变，惟恐摄入脂肪造成体态臃肿、行动笨拙、诱发疾病，尤其是青年女性，生怕肥胖损害体形美。人们把发生肥胖的原因归罪于多吃脂类食物，使有些已经相当苗条的女青年也拒绝进食脂肪，其结果反而损坏了俊美的容颜和匀称的身材。

脂肪在皮下适量储存，可滋润皮肤和增加皮肤弹性，延缓皮肤衰老。脂肪内含有多种脂肪酸，如果因脂肪摄入的不足，而致不饱和脂肪酸过少，皮肤就会变得粗糙，失去弹性。植物脂肪中含较多不饱和脂肪酸，其中尤以亚油酸为佳，不但有强身健体作用，而且有很好的美艳皮肤的作用，是皮肤滋润、充盈不可缺少的营养物质。

不饱和脂肪酸的主要来源有植物油（包括葵花籽油、花生油、大豆油、橄榄油、茶油等）、坚果（核桃、芝麻、花生等）、蛋奶、鱼虾贝、肉类等，水果和蔬菜也含有少量不饱和脂肪酸，但是通常不作为主要的摄入来源。

胡萝卜炒牛肉

● 难易度：★★☆

● 烹饪时间：3分钟 ● 烹饪方式：炒

原料：牛肉300克，胡萝卜150克，彩椒、圆椒各30克，姜片、蒜片各少许

调料：盐3克，食粉、鸡粉各2克，生抽8毫升，水淀粉10毫升，料酒5毫升，油适量

·· 做法 ··

1 胡萝卜洗净切片，彩椒、圆椒洗净切块，焯水；牛肉切片，加盐、生抽、食粉、水淀粉、食用油，拌匀腌渍。

2 用油起锅，倒入姜片、蒜片，爆香；倒入牛肉，炒至变色；放入焯过水的食材，炒匀；加盐、生抽、鸡粉、料酒、水淀粉翻炒入味即可。

红烧肉炖粉条

● 难易度：★★☆

● 烹饪时间：67分钟　● 烹饪方式：炖

原料：水发粉条300克，五花肉550克，姜片、葱段各少许，八角1个

调料：盐、鸡粉各1克，白糖2克，老抽3毫升，料酒、生抽各5毫升，食用油适量

· · 做法 · ·

1 洗净的五花肉切块，泡好的粉条从中间切两段；五花肉焯水，捞出。

2 热锅注油，倒入八角、姜片、葱段、五花肉，炒匀，加料酒、生抽、清水、老抽、盐、白糖，炖1小时。

3 倒入粉条、鸡粉，煮熟，放上香菜点缀即可。

茭白烧鸭块

● 难易度：★★☆

● 烹饪时间：37分钟　● 烹饪方式：烧

原料：鸭肉500克，青椒、红椒、茭白各50克，五花肉100克，陈皮5克，2克，八角1个，沙姜2克，生姜、蒜头各10克，葱段6克，冰糖15克

调料：盐、鸡粉各1克，料酒5毫升，生抽10毫升，食用油适量

· · 做法 · ·

1 生姜、红椒、青椒、茭白洗净切好，五花肉切厚片。

2 用油起锅，倒入姜片、蒜头、鸭肉、葱段，炒匀，加五花肉、生抽、料酒、香料、冰糖，炒匀；放茭白、水、盐，焖熟，放青红椒、鸡粉、生抽，炒匀即可。

松子芝麻煲猪肠

● 难易度：★★☆
● 烹饪时间：42分钟　● 煮

原料：猪肠230克，黑芝麻50克，松子仁65克，陈皮、姜片、葱段各少许

调料：盐2克，鸡粉2克，胡椒粉、料酒各适量

•• 做法 ••

1 将洗好的猪肠氽去异味，捞出，沥干水分，放凉，切段。

2 砂锅中注入清水烧热，放入陈皮、姜片、葱段、猪肠、黑芝麻、松子仁、料酒，煮40分钟至熟。

3 加入盐、鸡粉、胡椒粉，拌匀，盛出煮好的菜肴即可。

肉末蒸鹅蛋羹

● 难易度：★★☆
● 烹饪时间：13分钟　● 烹饪方式：蒸

原料：鹅蛋1个，猪肉末120克，高汤适量，葱花少许

调料：盐、鸡粉、胡椒粉各1克，料酒4毫升，生抽2毫升，芝麻油、生粉、油各适量

•• 做法 ••

1 用油起锅，倒入肉末，料酒、生抽、炒匀，制成肉馅。

2 鹅蛋加盐、鸡粉、胡椒粉、芝麻油、高汤、生粉，拌匀。

3 取蒸碗，倒入拌好的蛋液，蒸锅上火烧开，放入蒸碗，蒸6分钟，放入肉馅，蒸4分钟，取出，放芝麻油、葱花即可。

原料：猪蹄块400克，水发黄豆230克，八角、桂皮、香叶、姜少许
调料：盐、鸡粉各2克，生抽6毫升，老抽3毫升，料酒、水淀粉、油
各适量

•• 做法 ••

1 锅中注水烧开，倒入洗净的猪蹄块，加料酒，汆去血水，捞出。

2 用油起锅，爆香姜片，倒入猪蹄炒匀，加入老抽，炒匀上色。

3 放入八角、桂皮、香叶，炒出香味。

4 注水至没过食材，搅拌匀，盖上盖，用中火焖约20分钟。

5 倒入洗净的黄豆，加盐、鸡粉、生抽，拌匀，用小火煮40分钟。

6 拣出桂皮、八角、香叶、姜片，倒入适量水淀粉，用大火翻炒
收汁，盛入盘中即可。

黄豆焖猪蹄

难易度：★★☆

● 烹饪时间：63分钟 ● 烹饪方式：焖

tips

盖盖前可淋上少许料酒，
能减少汤汁的肉腥味。

核桃腰果莲子煲鸡

难易度：★★☆

● 烹饪时间：122分钟 ● 烹饪方式：煮

原料：鸡肉块300克，水发莲子35克，核桃仁20克，红枣25克，腰果仁30克，陈皮8克，鲜香菇45克

调料：盐少许

tips

盖盖前可淋上少许料酒，能减少汤汁的肉腥味。

● ● 做法 ● ●

1 锅中注入适量清水烧开，倒入洗净的鸡肉块，拌匀汆煮去除血渍，捞出沥干待用。

2 砂锅中注水烧热，倒入鸡肉块、香菇、红枣、核桃仁、莲子、陈皮和腰果仁，拌匀、搅散。

3 盖上盖，烧开后转小火煮约120分钟，至食材熟透。

4 揭开锅盖，加入少许盐，拌匀调味，关火后盛出煮好的鸡汤即成。

冰糖芝麻糊

●难易度：★★☆
●烹饪时间：5分钟 ●烹饪方式：煮

原料：黑芝麻30克，糯米、粳米各50克
调料：冰糖20克

做法

1 锅中倒入黑芝麻，翻炒至熟。
2 取榨汁机，将黑芝麻、糯米、粳米倒入搅拌杯中，把食材磨成粉，碗中加入清水。
3 锅中注入清水烧开，倒入冰糖，煮至冰糖溶化，倒入碗中的食材，拌匀，将煮好的芝麻糊盛出，装入碗中即可。

牛奶开心果豆浆

●难易度：★★☆
●烹饪时间：16分钟 ●烹饪方式：榨汁

原料：牛奶30毫升，开心果仁5克，水发黄豆50克

做法

1 将已浸泡8小时的黄豆倒入碗中，注入适量清水，洗干净，倒入滤网，沥干水分。
2 将黄豆、开心果仁、牛奶倒入豆浆机中，注入适量清水，选择"五谷"程序，待豆浆机运转约15分钟，即成豆浆。
3 把煮好的豆浆倒入滤网，滤取豆浆，将滤好的豆浆倒入杯中即可。

补充膳食纤维——润肠通便、排毒瘦身

对于女性朋友来说，膳食纤维应该是一种耳熟能详的营养物质。但凡购买过保健类食品的朋友，都接触过膳食纤维。

膳食纤维的体积较大，它能促进肠蠕动、减少食物在肠道中停留时间，其中的水份不容易被吸收。另一方面，膳食纤维在大肠内经细菌发酵，直接吸收纤维中的水份，使大便变软，产生通便作用，从而促进毒素的排出。一般肥胖人大都与食物中热能摄入增加或体力活动减少有关。而提高膳食中膳食纤维含量，可使摄入的热能减少，在肠道内营养的消化吸收也下降，最终使体内脂肪消耗而起减肥瘦身的作用。

含膳食纤维较多的食物有糙米和胚牙精米，以及玉米、小米、大麦、小麦皮（米糠）和麦粉（黑面包的材料）等杂粮；此外，根菜类和海藻类中食物纤维较多，如牛蒡、胡萝卜、四季豆、红豆、豌豆、薯类和裙带菜等。

枸杞芹菜炒香菇

● 难易度：★★☆
● 烹饪时间：2分钟　● 烹饪方式：炒

原料：芹菜120克，鲜香菇100克，枸杞20克

调料：盐2克，鸡粉2克，水淀粉、食用油各适量

· · 做法 · ·

1　洗净的鲜香菇切成片，待用。
2　洗好的芹菜切成段，备用。
3　用油起锅，倒入香菇，炒出香味。
4　放入芹菜，翻炒均匀；注入少许清水，炒至食材变软；撒上枸杞，翻炒片刻；加盐、鸡粉、水淀粉，炒匀。
5　关火后盛入盘中即可。

手撕茄子

● 难易度：★★☆
● 烹饪时间：33分钟　● 烹饪方式：拌

原料：茄子段120克，蒜末少许
调料：盐、鸡粉各2克，白糖少许，生抽3毫升，陈醋8毫升，芝麻油适量

· · 做法 · ·

1 蒸锅上火烧开，放入洗净的茄子段，蒸约30分钟，取出。
2 将茄子放凉后撕成细条状，装在碗中，加入盐、白糖、鸡粉、生抽，注入陈醋、芝麻油、蒜末，拌匀。
3 将拌好的菜肴盛入盘中，摆好盘即可食用。

苦瓜玉米粒

● 难易度：★★☆
● 烹饪时间：2分钟　● 烹饪方式：炒

原料：玉米粒150克，苦瓜80克，彩椒35克，青椒10克，姜末少许，泰式甜辣酱适量
调料：盐少许，食用油适量

· · 做法 · ·

1 将洗净的苦瓜去除瓜瓤，切菱形块，洗好的青椒、彩椒切丁。
2 洗净的玉米粒、苦瓜块、彩椒丁、青椒丁焯水，捞出，沥干水分。
3 用油起锅，撒上姜末，倒入焯过水的食材，加盐、甜辣酱，炒熟，盛出炒好的菜肴，装在盘中即可。

清蒸红薯

● 难易度：★☆☆
● 烹饪时间：15分钟 ● 烹饪方式：蒸

原料：红薯350克

●·· 做法 ··●

1 洗净去皮的红薯切滚刀块。
2 装入蒸盘中，蒸锅上火烧开，放入蒸盘，蒸约15分钟，至红薯熟透。
3 取出蒸好的红薯，待稍微放凉后即可食用。

杂豆糙米粥

● 难易度：★★☆
● 烹饪时间：46分钟 ● 烹饪方式：煮

原料：水发糙米175克，水发绿豆100克，水发黑豆50克，水发红豆40克，水发花豆65克

●·· 做法 ··●

1 砂锅中注入清水烧热，倒入洗净的糙米、绿豆。
2 放入洗好的花豆、黑豆、红豆，煮约45分钟，至食材熟透。
3 盛出煮好的糙米粥，装在小碗中，稍稍冷却后食用即可。

原料：茭白300克，鸭蛋2个，水发木耳40克，葱段少许
调料：盐1克，鸡粉3克，水淀粉10毫升，食用油适量

•• 做法 ••

1 将洗好的木耳切小块；洗净的茭白切成片；鸭蛋打入碗中，放入少许盐、鸡粉、水淀粉，打散调匀。
2 茭白、木耳焯水，捞出备用。
3 用油起锅，倒入蛋液，搅散，翻炒至七成熟，盛出备用。
4 另起锅，注油烧热，放入葱段，爆香。
5 倒入焯过水的茭白、木耳，炒匀。
6 放入鸭蛋、盐、鸡粉，翻炒入味，倒入水淀粉，炒匀即可。

难易度：★★☆
烹饪时间：2分钟
炒

茭白木耳炒鸭蛋

★ \ tips /
茭白切成丝后再烹饪，
可缩短炒制的时间。

青菜香菇魔芋汤

难易度：★★☆

烹饪时间：8分钟

烹饪方式：煮

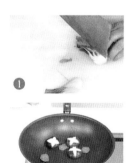

原料：魔芋手卷180克，上海青110克，香菇30克，去皮胡萝卜130克，浓汤宝20克，姜片、葱花各少许

调料：盐2克，鸡粉、胡椒粉各3克

tips

魔芋手卷用水浸泡片刻，可以减少烹煮的时间。

•• 做法 ••

1 解开魔芋卷的绳子；洗净的香菇切成十字花刀；洗净的上海青对半切开；洗好的去皮胡萝卜切片；魔芋手卷放入清水中浸泡片刻，捞出沥干待用。

2 用油起锅，放入姜片爆香；倒入胡萝卜片、香菇，炒香。

3 放入浓汤宝，注入适量清水，煮约2分钟至沸腾。

4 倒入魔芋手卷、上海青，拌匀，加入盐、鸡粉、胡椒粉搅拌煮2分钟至入味，装入碗中，撒上葱花即可。

双笋沙拉

● 难易度：★★☆
● 烹饪时间：1分钟 ● 烹饪方式：拌

原料：竹笋80克，生菜30克，莴笋70克，柠檬20克

调料：蜂蜜10克，橄榄油5毫升，盐、白醋、白糖少许

● ● 做法 ● ●

1 处理好的竹笋切粗条，处理好的莴笋切条，择洗好的生菜切块。
2 竹笋、莴笋焯水，捞出；用保鲜膜包裹竹笋，放入冰箱冰镇1小时。
3 碗中加入竹笋、莴笋、生菜、柠檬汁、盐、白糖、白醋、蜂蜜、橄榄油，拌匀，装入盘中即可食用。

牛蒡沙拉

● 难易度：★★☆
● 烹饪时间：3分钟 ● 烹饪方式：拌

原料：牛蒡150克，熟白芝麻少许
调料：盐2克，生抽4毫升，白醋15毫升，沙拉酱、橄榄油各适量

● ● 做法 ● ●

1 将去皮洗净的牛蒡切菱形片。
2 取碗，放入牛蒡、清水、白醋，拌匀，静置约5分钟，去除异味，捞出，沥干水分，焯水。
3 取碗，倒入牛蒡、熟白芝麻、盐、生抽、橄榄油，拌至食材入味，另取盘，盛入拌好的菜肴，最后挤上沙拉酱即可。

充足维生素——抗氧化、防衰老

在维生素大家庭里每个维生素都有鲜明的"个性"，各负其责，热闹非常。维生素既不像蛋白质一样，可以构成身体和生命的活性物质；也不像脂肪和糖一样，可为人体提供能量。但一旦缺了它们，身体构成和能量都会出现异常。其中的维生素C和维生素E在抗氧化、防衰老、美容护肤方面效果显著。

维生素C能抑止色素母细胞沉积，不仅可以有效预防黑斑和雀斑，还能将多余的色素排出体外，彻底改善暗哑的肤色，令肌肤重新变得白皙明亮。维生素E可防止面部产生黑褐色寿斑，也即类脂褐色素的积累，促进末端血管的血液循环，使皮肤有丰富的营养供应，保持光泽滋润。

维生素C主要存在于新鲜的水果和蔬菜里：新鲜的大枣、柑桔类、橙子、红果、草莓、辣椒、番茄、菠菜、菜花、苋菜等。维生素E在谷类、小麦胚芽油、棉子油、绿叶蔬菜、蛋黄、坚果类、肉及乳制品中，均含量丰富。

西红柿炒冻豆腐

● 难易度：★★☆

● 烹饪时间：2分钟　● 烹饪方式：炒

原料：冻豆腐200克，西红柿170克，姜片、葱花各少许

调料：盐、鸡粉各2克，白糖少许，食用油适量

· · 【做法】 · ·

1 把洗净的冻豆腐掰开，撕成碎片。洗好的西红柿切成小瓣。

2 冻豆腐焯水，捞出待用。

3 用油起锅，撒上姜片爆香，倒入西红柿瓣、冻豆腐，炒匀，加盐、白糖、鸡粉炒熟，关火后盛出装盘，撒上葱花即可。

白菜梗拌胡萝卜丝

● 难易度：★★☆

● 烹饪时间：3分钟　● 烹饪方式：拌

原料：白菜梗120克，胡萝卜200克，青椒35克，蒜末、葱花各少许

调料：盐3克，鸡粉2克，生抽3毫升，陈醋6毫升，芝麻油适量

• • 做法 • •

1 将洗净的白菜梗切丝，洗好去皮的胡萝卜切丝，洗净的青椒去籽切丝。

2 胡萝卜丝、白菜梗、青椒焯水，捞出，沥干水分。

3 把焯煮好的食材装入碗中，加入盐、鸡粉、生抽、陈醋、芝麻油、蒜末、葱花，拌至入味即成。

姜汁拌菠菜

● 难易度：★★☆

● 烹饪时间：4分钟　● 烹饪方式：拌

原料：菠菜300克，姜末、蒜末各少许

调料：罕宝南瓜籽油18毫升，盐2克，鸡粉2克，生抽5毫升

• • 做法 • •

1 洗净的菠菜切段。

2 沸水锅中加入盐、南瓜籽油、菠菜，汆煮一会儿至断生，捞出，沥干水分。

3 往汆煮好的菠菜中倒入姜末、蒜末、南瓜籽油、盐、鸡粉、生抽，拌匀，将拌好的食材装入盘中即可。

草菇西蓝花

- 难易度：★★☆
- 烹饪时间：2分钟
- 烹饪方式：炒

原料：草菇90克，西蓝花200克，胡萝卜片、姜、蒜、葱段各少许

调料：料酒8毫升，蚝油8克，盐2克，鸡粉2克，水淀粉、食用油各适量

做法

1 洗净的草菇切成小块；洗好的西蓝花切成小朵。

2 西蓝花焯水，捞出，沥干水分备用。

3 把切好的草菇倒入沸水锅中，煮半分钟，捞出沥干备用。

4 用油起锅，放入胡萝卜片、姜末、蒜末、葱段，爆香。

5 倒入焯好的草菇，淋入适量料酒，翻炒片刻，加入蚝油、盐、鸡粉、清水，炒匀调味；淋入水淀粉，快速翻炒均匀。

6 将焯煮好的西蓝花摆入盘中，盛入炒好的草菇即可。

tips

烹饪西蓝花前，可将其放入淡盐水中浸泡一会儿，再清洗干净。

雪里蕻炒鸭胗

- 难易度：★★☆
- 烹饪时间：2分钟　●烹饪方式：炒

原料：鸭胗240克，雪里蕻150克，葱条、八角、姜片各少许

调料：料酒16毫升，盐3克，鸡粉2克，食用油适量

· · 做法 · ·

1 锅中注水烧热，倒入洗净的鸭胗，放入姜片、葱条、八角、料酒、盐，煮约20分钟，煮去腥味，捞出。

2 雪里蕻洗净切碎，鸭胗放凉切片。

3 用油起锅，倒入雪里蕻梗、叶子部分，炒片刻，加入鸭胗、盐、鸡粉、料酒，炒熟，盛入盘中即可。

绿豆芽拌猪肝

- 难易度：★★☆
- 烹饪时间：2分钟　●烹饪方式：拌

原料：卤猪肝220克，绿豆芽200克，蒜末、葱段各少许

调料：盐、鸡粉各2克，生抽5毫升，陈醋7毫升，花椒油、食用油各适量

· · 做法 · ·

1 将备好的卤猪肝切片。

2 锅中注水烧开，倒入洗净的绿豆芽，煮至断生后捞出，沥干水分。

3 用油起锅，放蒜末、葱段、部分猪肝片炒匀，倒入绿豆芽、盐、鸡粉、生抽、陈醋、花椒油，拌匀，放入余下的猪肝片，盛入锅中的食材即可。

荷兰豆炒彩椒

● 难易度：★★☆
● 烹饪时间：2分钟 ● 烹饪方式：炒

原料：荷兰豆180克，彩椒80克，姜片、蒜末、葱段各少许

调料：料酒3毫升，蚝油5克，盐2克，鸡粉2克，水淀粉3毫升，食用油适量

● ● 做法 ● ●

1 洗净的彩椒切条。
2 荷兰豆、彩椒焯水，捞出。
3 用油起锅，放入姜片、蒜末、葱段、荷兰豆、彩椒，炒匀，加入料酒、蚝油、盐、鸡粉、水淀粉，炒匀，盛出炒好的菜，装入盘中即可。

猕猴桃大杏仁沙拉

● 难易度：★★☆
● 烹饪时间：1分钟 ● 烹饪方式：拌

原料：猕猴桃130克，大杏仁10克，生菜50克，圣女果50克，柠檬汁10毫升

调料：蜂蜜2克，橄榄油10毫升，盐少许

● ● 做法 ● ●

1 洗净的圣女果对半切开，去皮的猕猴桃切片，择洗好的生菜切块。
2 取碗，倒入生菜、杏仁、猕猴桃、圣女果，拌匀。
3 倒入柠檬汁、盐、蜂蜜、橄榄油，拌匀，将拌好的食材装入盘中即可。

什锦杂蔬汤

● 难易度：★★☆
● 烹饪时间：133分钟 ● 烹饪方式：煮

原料：西红柿200克，去皮胡萝卜
150克，青椒50克，土豆150克，玉
米笋80克，瘦肉200克，姜片少许
调料：盐2克

★ \ tips /
切好的土豆要放在凉水中浸
泡，以防氧化变黑。

● ● ● 做法 ● ● ●

1 洗净的瘦肉切块；胡萝卜切滚刀块；土豆切滚刀块；西红柿
切块；青椒去籽，切块；玉米笋切段。
2 锅中注入适量清水烧开，倒入瘦肉，汆煮片刻，捞出待用。
3 砂锅中注入适量清水，倒入瘦肉、土豆、胡萝卜、玉米笋、
姜片，拌匀加盖，大火煮开转小火煮2小时至熟。
4 揭盖，加入西红柿、青椒，拌匀，继续煮10分钟至熟，加入
盐，稍稍搅拌至入味，装入碗中即可。

适量矿物质——维持身体机能

矿物质是构成机体组织的重要原料，如钙、磷、镁是构成骨骼、牙齿的主要原料。矿物质也是维持机体酸碱平衡和正常渗透压的必要条件。人体内有些特殊的生理物质如血液中的血红蛋白、甲状腺素等需要铁、碘的参与才能合成。

女性过了25岁，每个人的嘴唇都不会再像少女时代般鲜红娇嫩，并非因为你老了，而是缺铁造成的。铁不足的人，气血无法充分滋润肌肤，皮肤细胞带氧量不足，就会出现毛孔粗大、斑点出现等问题。铁的缺乏会引起细胞呼吸不畅，从而影响组织功能，最明显的表现就是食欲下降，严重时甚至会使胃肠功能紊乱，导致吸收不良，不但精力明显不足，还会出现"到处都松松的"、"蝴蝶袖"等问题。含铁丰富的食物有蛋黄、鱼、豆腐、肝、瘦肉、豆制品、动物血、小米、高粱、玉米、绿叶蔬菜、黄红色蔬菜、黑木耳、海带、紫菜。

韭菜炒羊肝

● 难易度：★★☆
● 烹饪时间：2分钟　● 烹饪方式：炒

原料：韭菜120克，姜片20克，羊肝250克，红椒45克

调料：盐、鸡粉、生粉、料酒、生抽适量

·· 做法 ··

1 韭菜洗净切段；红椒洗净去籽，切条；羊肝洗净切片，放姜片、料酒、盐、鸡粉、生粉拌匀腌渍，氽水。

2 用油起锅，倒入羊肝略炒；淋入料酒，炒匀；加生抽、韭菜、红椒、盐、鸡粉炒匀，至食材熟透。

3 盛出炒好的菜肴，装入盘中即可。

黄瓜炒木耳

● 难易度：★★☆

● 烹饪时间：3分钟 ● 烹饪方式：炒

原料：黄瓜180克，水发木耳100克，胡萝卜40克，姜片、蒜末、葱段各少许

调料：盐、鸡粉、白糖各2克，水淀粉10毫升，食用油适量

● ● 做法 ● ●

1 洗好去皮的胡萝卜切片；洗净的黄瓜去瓤，用斜刀切段。

2 用油起锅，倒入姜片、蒜片、葱段，放入胡萝卜，炒匀，倒入洗好的木耳，炒匀。

3 加入黄瓜、盐、鸡粉、白糖、水淀粉，炒匀，盛出炒好的菜肴即可。

海带丝拌菠菜

● 难易度：★★☆

● 烹饪时间：1分钟 ● 烹饪方式：拌

原料：海带丝230克，菠菜85克，熟白芝麻15克，胡萝卜25克，蒜末少许

调料：盐2克，鸡粉2克，生抽4毫升，芝麻油6毫升，食用油适量

● ● 做法 ● ●

1 洗好的海带丝切段，洗净去皮的胡萝卜切细丝。

2 海带、胡萝卜、菠菜分别焯水，捞出，沥干水分。

3 取碗，倒入海带、胡萝卜、菠菜、蒜末、盐、鸡粉、生抽、芝麻油、白芝麻，拌匀，盛入盘中即可。

草菇炒牛肉

难易度：★★☆

烹饪时间：4分钟 ● 烹饪方式：炒

原料：草菇300克，牛肉200克，洋葱40克，红彩椒30克，姜片少许
调料：盐2克，鸡粉、胡椒粉各1克，蚝油5克，生抽、料酒、水淀粉各5毫升，食用油适量

• • 做法 • •

1 洗净的洋葱切块；红彩椒去籽、切块；草菇切十字花刀。

2 牛肉切片，加食用油、盐、料酒、胡椒粉、水淀粉，腌入味。

3 草菇、牛肉分别焯水，沥干待用。

4 另起锅注油，倒入姜片爆香，放入洋葱、红彩椒翻炒。

5 倒入牛肉、草菇，加入生抽、蚝油，翻炒约1分钟至熟，注入少许清水，加入盐、鸡粉调味。

6 加入水淀粉勾芡，翻炒收汁，装盘即可。

\ tips /

牛肉可不用汆水，先翻炒一次后，再和草菇翻炒第二次，更能锁住汁。

紫菜虾米猪骨汤

● 难易度：★★☆
● 烹饪时间：62分钟 ● 烹饪方式：煮

原料：猪骨400克，虾米20克，紫菜、姜片、葱花各少许

调料：料酒10毫升，盐2克，鸡粉2克

● ● 做法 ● ● ●

1 锅中注入清水烧开，倒入处理干净的猪骨，淋入料酒，略煮一会儿，汆去血水，捞出，沥干水分。

2 砂锅中注入清水烧开，放入姜片、猪骨、虾米、料酒，拌匀，煮40分钟至食材熟软。

3 放入紫菜，续煮20分钟，加盐、鸡粉，搅拌，盛入碗中，撒葱花即可。

韭黄炒牡蛎

● 难易度：★★☆
● 烹饪时间：2分钟 ● 烹饪方式：炒

原料：牡蛎肉400克，韭黄200克，彩椒50克，姜片、蒜末、葱花各少许

调料：生粉15克，生抽8毫升，鸡粉、盐、料酒、食用油各适量

● ● 做法 ● ● ●

1 韭黄洗净切段，彩椒洗净切条。

2 把洗净的牡蛎肉加料酒、鸡粉、盐、生粉，拌匀，焯水。

3 热锅注油烧热，放入姜片、蒜末、葱花、牡蛎，炒匀，加入生抽、料酒、彩椒、韭黄段、鸡粉、盐，炒匀，盛出炒好的菜肴即可。

三文鱼金针菇卷

● 难易度：★★☆
● 烹饪时间：3分钟　● 烹饪方式：煎

原料：三文鱼160克，金针菇65克，菜心50克，蛋清30克

调料：盐3克，胡椒粉2克，生粉、食用油各适量

•• 做法 ••

1　菜心洗净划十字刀，三文鱼切片。
2　鱼片加盐、胡椒粉，搅匀腌渍；菜心焯水，捞出；蛋清加生粉制成蛋液；铺平鱼肉片，加蛋液、金针菇，卷成卷，用蛋液涂抹封口，制成鱼卷生坯。
3　煎锅放油烧热，放入鱼卷，煎至熟透，盛出鱼卷，摆放在菜心上即可。

核桃南瓜子酥

● 难易度：★★☆
● 烹饪时间：8分钟　● 烹饪方式：炸

原料：南瓜子110克，核桃仁55克
调料：白糖75克，麦芽糖、食用油适量

•• 做法 ••

1　将核桃仁放入杵臼中，碾碎，倒出核桃仁末。
2　炒锅烧热，倒入南瓜子，炒干水分，倒入核桃仁末，炒至焦脆。
3　用油起锅，倒入白糖，炒至白糖溶化，加入麦芽糖，倒入核桃仁、南瓜子，炒至南瓜子裹匀糖汁，盛入盘中，压平，放凉，取出放凉的糖酥，用刀切成小块，装盘即可。

原料：草鱼600克，海参300克，山药丁100克，鸡蛋清20克，葱花、姜末各少许

调料：盐、鸡粉、胡椒粉各2克，料酒、水淀粉、芝麻油、食用油适量

做法

1　草鱼去鱼骨、鱼皮，切段；海参去内脏，切成粗条。

2　草鱼肉、山药丁打成泥状，加姜末、葱花、鸡蛋清，搅拌上劲。

3　锅中注水烧开，将鱼肉泥挤成鱼丸，放入锅中，煮熟，捞出。

4　用油起锅，爆香姜末、葱花，放海参、料酒炒匀，加水、盐、鸡粉拌匀。

5　倒入煮好的鱼丸，拌匀，盖上盖，用中火焖5分钟。

6　加胡椒粉炒匀，煮入味，用水淀粉勾芡，淋芝麻油，撒葱花即可。

手工鱼丸烩海参

难易度：★★☆

烹饪时间：13分钟

烹饪方式：炒

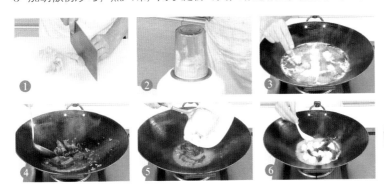

tips

烹饪此菜时，不宜放生抽，以免影响海参的口感。

松仁豌豆炒玉米

● 难易度：★★☆

● 烹饪时间：5分钟　● 烹饪方式：炒

原料：玉米粒180克，豌豆50克，胡萝卜200克，松仁40克，姜片、蒜末、葱段各少许

调料：盐4克，鸡粉2克，水淀粉5毫升，食用油适量

tips

松子油脂含量较高，不宜炸太久。

•• 做法 ••

1 将洗净的胡萝卜切成丁；胡萝卜丁、玉米粒、豌豆焯水；松仁炸香。

2 锅底留油，放入姜片、蒜末、葱段，爆香；倒入焯过水的玉米粒、豌豆、胡萝卜，炒匀。

3 加入适量盐、鸡粉，炒匀调味；倒入水淀粉勾芡。

4 关火后盛出炒好的食材，装入盘中，撒上松仁即可。

Part 3

好心情从早到晚

——为老婆做美味三餐

吃好三餐，心情美，坚持"早餐吃好、中餐吃饱、晚餐吃少"的原则。老公为爱进厨房，每餐充满爱的气息。早餐要营养齐全，才能保持一天好气色，从自我放松开始；中餐要种类齐全，够吃饱，能量充足，下午才能工作有效率，做事有精神；晚餐从量上面减少，保持好身材，千万不要贪吃。吃太饱影响睡眠，吃少带你轻松进入梦乡。

营养早餐——一天好气色

早餐距离前一晚餐的时间较长，一般在12小时以上，体内储存的糖原已经消耗殆尽，应及时补充，以免出现血糖过低。血糖浓度低于正常值会出现饥饿感，大脑的兴奋性随之降低，反应迟钝，注意力不能集中。所以，不吃早餐，或者早餐的质和量不够，容易引起能量和营养素的不足，降低上午工作、学习的效率。

对女性来说，不吃早餐只能动用体内储存的糖元和蛋白质，久而久之会导致皮肤干燥、起皱和贫血，加速衰老。另外，还会使人在午饭时出现强烈的空腹感和饥饿感，不知不觉吃下过多的食物，多余的能量就会在体内转化为脂肪，时间长了脂肪在皮下堆积反而导致肥胖。

吃早餐必须有丰富的品种类型，均衡饮食，营养全面；必须有碳水化合物，用以补充足够的能量；必须要补充维生素，那是不可忽视的重要营养物质，而且早餐摄入吸收率最高。

香煎奶香馒头片

● 难易度：★★☆

● 烹饪时间：3分钟　● 功效：增强免疫

原料：馒头210克，鸡蛋2个，炼乳10克，食用油适量

● ● ● 做法 ● ● ●

1 熟馒头切成长方形大小的馒头片。

2 将鸡蛋打入碗中，搅散。

3 把馒头片放在蛋液中，均匀地裹上蛋液。

4 用油起锅，放入裹好蛋液的馒头片，煎炸约2分钟至两面金黄色。

5 关火，将煎炸好的馒头片盛出，装入盘中，旁边放上炼乳即可。

鸡蛋炸馒头片

● 难易度：★☆☆
● 烹饪时间：3分钟　● 功效：补中益气

原料：馒头85克，蛋液100克
调料：食用油适量

●‧● 做法 ●‧●

1 把馒头切成厚度均匀的片，将蛋液
搅散调匀。
2 煎锅置于火上烧热，淋入食用油，
将馒头片裹上鸡蛋液，放入煎锅中。
3 煎至两面呈金黄色，取出馒头片，
放入盘中即可。

茴香鸡蛋饼

● 难易度：★☆☆
● 烹饪时间：4分钟　● 功效：开胃消食

原料：茴香45克，鸡蛋液120克
调料：盐2克，鸡粉3克，食用油适量

●‧● 做法 ●‧●

1 将洗净的茴香切小段。
2 把茴香倒入鸡蛋液里，加入盐、鸡
粉，调匀。
3 用油起锅，倒入混合好的蛋液，煎
至焦黄色，将煎好的鸡蛋饼盛出，把
鸡蛋饼切成扇形块，装盘即可。

胡萝卜红烧牛肉面

- 难易度：★☆☆
- 烹饪时间：6分钟 ● 功效：增强免疫

原料：面条175克，牛肉汤300毫升，蒜末少许

调料：生抽3毫升

做法

1 锅中注入清水烧开，放入面条，煮约4分钟，至面条熟透，盛出煮好的面条，装入碗中。

2 炒锅置火上，倒入牛肉汤，略煮。

3 淋入生抽，拌匀煮沸，盛出煮好的汤汁，浇在面条上，撒上蒜末即成。

培根蘑菇贝壳面

- 难易度：★☆☆
- 烹饪时间：5分钟 ● 功效：温中益气

原料：贝壳面200克，培根15克，口蘑20克，奶油10克，意式蔬菜汤300毫升，白葡萄酒15毫升，蒜片少许

做法

1 洗净的口蘑切片，将培根切片。

2 锅中注入清水烧开，倒入贝壳面，煮至熟软，捞出，装入盘中。

3 锅置火上，倒入奶油、蒜片、培根，拌匀，放入口蘑、白葡萄酒、意式蔬菜汤，拌匀，煮至食材熟透，盛出，放入贝壳面中即可。

金枪鱼三明治

- 难易度：★★☆
- 烹饪时间：3分钟
- 功效：增强免疫

❶

❷

原料：面包100克，罐装金枪鱼肉50克，生菜叶20克，西红柿90克，熟鸡蛋1个

tips

可根据自身口味在食材中加入适量调味料。

❸

•• 做法 ••

1 将面包边缘修整齐。

2 洗好的西红柿切片；熟鸡蛋切片；金枪鱼肉撕成细丝。

3 取面包片，放上西红柿、金枪鱼肉。

4 放上鸡蛋，盖上洗好的生菜叶，再盖上一片面包；依此顺序处理完剩余的食材，切成三角块即可。

❹

饺子汤

● 难易度：★★☆

● 烹饪时间：二二分钟

● 功效：开胃消食

原料：白菜65克，豆腐70克，南瓜80克，洋葱45克，肉末75克，鸡蛋1个，饺子皮适量

调料：盐2克，鸡粉2克，生粉适量

●● 做法 ●●

1 洗净去皮的南瓜切粒；洗好的洋葱切末；豆腐压碎；白菜切碎。

2 碗中倒入豆腐、南瓜、白菜、洋葱、肉末、盐、鸡粉拌匀。

3 鸡蛋打入碗中，搅散成蛋液。

4 将蛋液倒入装有馅料的碗中，加生粉，拌匀至起劲待用。

5 取饺子皮，放入适量馅料，包好，收紧口，制成饺子生坯。

6 锅中注水烧开，放入饺子生坯，用中火煮约10分钟至熟即可。

\ tips /

由于食材的含水量大，所以用盐、鸡粉腌渍后，最好挤压控水。

056

紫菜馄饨

● 难易度：★☆☆

● 烹饪时间：6分钟　● 功效：增强免疫

原料：水发紫菜40克，胡萝卜45克，虾皮10克，葱花少许，猪肉馄饨100克

调料：盐2克，鸡粉2克，食用油适量

· · 做法 · ·

1 将去皮洗净的胡萝卜切丝。

2 用油起锅，倒入虾皮、胡萝卜丝、清水，紫菜，拌匀，煮沸。

3 加入盐、鸡粉，拌匀，放入猪肉馄饨，煮4分钟至熟，装入碗中，撒入葱花即可。

姜汁红薯汤圆

● 难易度：★☆☆

● 烹饪时间：12分钟　● 功效：补中和血

原料：小汤圆90克，红薯120克，姜丝少许，红糖适量

· · 做法 · ·

1 将去皮洗净的红薯切丁。

2 砂锅中注入清水烧开，倒入红薯丁，煮约5分钟，至食材断生。

3 加入姜丝、小汤圆，煮约4分钟，至食材熟透，倒入红糖，煮至糖分溶化，盛入碗中即成。

素炒三丝

- 难易度：★★☆
- 烹饪时间：3分钟 ● 功效：美容养颜

原料：香干50克，黄豆芽30克，青椒100克，干辣椒、蒜末、葱白、姜片各少许
调料：盐、蚝油、料酒、水淀粉各适量

做法

1 将洗好的香干切丝，把洗净的青椒去蒂和籽，切丝。
2 用油起锅，倒入蒜末、葱白、姜片、干辣椒、青椒丝、香干，炒匀。
3 倒入洗好的黄豆芽，加盐、蚝油、料酒翻炒1分钟至熟，用水淀粉勾芡，盛入盘中，装好盘即可。

黄豆酱炒麻叶

- 难易度：★☆☆
- 烹饪时间：2分钟 ● 功效：美容养颜

原料：麻叶170克，黄豆酱适量，蒜末少许
调料：盐少许，鸡粉2克，食用油适量

做法

1 用油起锅，加蒜末、黄豆酱炒匀。
2 倒入洗净的麻叶，炒至变软。
3 加入盐、鸡粉，炒至食材入味，盛出菜肴，装在盘中即成。

叉烧酱鹌鹑蛋

● 难易度：★★☆

● 烹饪时间：12分钟　● 功效：益气补血

原料：鹌鹑蛋250克，叉烧酱15克

调料：食用油适量

tips

煮好的鹌鹑蛋要立即放入凉水中浸泡片刻，这样容易剥去蛋壳。

 做法

1 砂锅中注入适量清水，倒入鹌鹑蛋，加盖，大火煮开转小火煮8分钟至熟。

2 揭盖，关火后捞出煮好的鹌鹑蛋放入凉水中冷却，剥去壳，待用。

3 用油起锅，倒入叉烧酱，炒匀，放入鹌鹑蛋。

4 油煎约2分钟至转色，关火，捞出煎好的鹌鹑蛋，装入碗中即可。

豆皮拌豆苗

● 难易度：★★☆

● 烹饪时间：5分钟

● 功效：开胃消食

原料：豆皮70克，豆苗60克，花椒15克，葱花少许

调料：盐、鸡粉各1克，生抽5毫升，食用油适量

•• 做法 ••

1 洗净的豆皮切丝，切成两段。

2 沸水锅中倒入洗好的豆苗，焯煮1分钟至断生，沥干待用

3 倒入豆皮，焯煮2分钟，沥干水分，装碗撒上葱花。

4 另起锅注油，倒入花椒，炸约1分钟至香味飘出，捞出花椒，将油淋在豆皮和葱花上。

5 放上焯好的豆苗。

6 加入盐、鸡粉、生抽，拌匀食材，装盘即可。

\ tips /

可加入少许陈醋，更能促进食欲。

白菜玉米沙拉

● 难易度：★☆☆
● 烹饪时间：5分钟　● 功效：清热解毒

原料：生菜40克，白菜50克，玉米粒80克，去皮胡萝卜40克，柠檬汁10毫升
调料：盐2克，蜂蜜、橄榄油各适量

•• 做法 ••

1 洗净的胡萝卜切丁，洗好的白菜切块，洗净的生菜切块。
2 锅中注入清水烧开，倒入胡萝卜、玉米粒、白菜，焯煮约2分钟至断生，过凉水，捞出，沥干水分。
3 放入生菜、盐、柠檬汁、蜂蜜、橄榄油，用筷子拌匀，倒入盘中即可。

燕麦花豆粥

● 难易度：★☆☆
● 烹饪时间：66分钟　● 功效：美容养颜

原料：水发花豆180克，燕麦140克，冰糖30克

•• 做法 ••

1 砂锅中注入清水大火烧热，倒入泡发好的花豆、燕麦，拌匀，煮1小时至熟软。
2 倒入冰糖，搅拌片刻，续煮5分钟至入味。
3 持续搅拌片刻，将煮好的粥盛出装入碗中即可。

莲子奶糊

● 难易度：★★☆
● 烹饪时间：25分钟 ● 功效：美容养颜

原料：水发莲子10克，牛奶400毫升
调料：白糖3克

•• 做法 ••

1 取豆浆机，倒入莲子、牛奶，加入白糖。

2 盖上机头，按"选择"键，选择"米糊"选项，再按"启动"键开始运转。

3 待豆浆机运转约20分钟，即成米糊，将豆浆机断电，取下机头，将煮好的米糊倒入碗中即成。

油条甜豆浆

● 难易度：★★☆
● 烹饪时间：17分钟 ● 功效：温中益气

原料：水发黄豆45克，榨菜30克，油条1根，虾米适量
调料：白糖适量

•• 做法 ••

1 榨菜切粒，油条切小块。

2 将浸泡8小时的黄豆倒入豆浆机中，注入清水，选择"五谷"程序，待豆浆机运转约15分钟，即成豆浆。

3 把煮好的豆浆倒入滤网，滤取豆浆，把滤好的豆浆倒入碗中，加入白糖，拌匀，加入榨菜、虾米、油条，待稍微放凉后即可食用。

瓜子仁南瓜粥

难易度：★★☆

烹饪时间：45分钟　功效：补中益气

原料：瓜子仁40克，南瓜100克，水发大米100克

调料：白糖6克

tips

炒瓜子仁时要不断翻动避免炒糊，瓜子仁会发苦。

• • 做法 • •

1　洗净去皮的南瓜切厚片，再切成小块。

2　煎锅烧热，倒入瓜子仁，炒至熟，盛入盘中待用。

3　砂锅中注入适量清水烧开，倒入洗好的大米，搅散，盖上盖，用小火煮30分钟至熟。倒入南瓜块拌匀，再小火续煮15分钟至南瓜熟软。

4　放入白糖，拌匀至入味，盛入碗中，撒上瓜子仁即可。

能量午餐——工作精力足

俗话说"中午饱，一天饱"。说明午餐是一日中主要的一餐。由于上午体内热能消耗较大，午后还要继续工作和学习，因此，午餐热量应占他们每天所需总热量的40%。

主食根据三餐食量配比，应在150～200克，可在米饭、面制品（馒头、面条、大饼、玉米面发糕等）中选择。副食在240～360克左右，以满足人体对无机盐和维生素的需要。副食种类的选择很广泛，如肉、蛋、奶、禽类、豆制品类、海产品、蔬菜类等，使体内血糖继续维持在高水平，从而保证下午的工作和学习。但是，中午要吃饱，不等于要暴食，一般吃到八九分饱就可以了。

午餐忌吃方便食品，例如方便面、西式快餐、汉堡或其他垃圾食品等，这些食品营养含量低，对身体也不好。零食也要慎重选择，放弃甜食，代之以更健康的食品，如坚果、干果以及蔬菜。

胡萝卜香味炖牛腩

● 难易度：★★☆

● 烹饪时间：75分钟　● 功效：美容养颜

原料：牛腩400克，胡萝卜100克，红椒45克，青椒1个，姜、蒜末、葱段、香叶少许
调料：水淀粉、料酒各10毫升，豆瓣酱10克，生抽8毫升，食用油适量

· · (做法) · · ·

1 洗净的胡萝卜、青椒、红椒、余煮过的牛腩切块。

2 锅中注油，放香叶、蒜末、姜片炒香；放牛腩块炒匀；加料酒、豆瓣酱、生抽、水，用大火炖1小时。

3 放胡萝卜块，用大火焖10分钟，放青椒、红椒，炒匀；加水淀粉勾芡，挑出香叶，放上葱段即可。

红烧肉卤蛋

● 难易度：★★☆

● 烹饪时间：33分钟　● 功效：健胃消食

原料：五花肉500克，鸡蛋2个，八角、桂皮、姜片、葱段各少许

调料：盐3克，鸡粉、白糖各少许，老抽2毫升，料酒3毫升，生抽4毫升，油适量

•• 做法 ••

1 五花肉洗净焯水，捞出，放凉切块。

2 鸡蛋煮熟，捞出，置于凉开水中，去除蛋壳。

3 用油起锅，倒入八角、桂皮、姜片、葱白，炒匀，加肉块、料酒、生抽、老抽、水，煮沸，放入鸡蛋、盐、白糖，焖30分钟，加鸡粉、葱叶，盛出即可。

陈皮焖鸭心

● 难易度：★★☆

● 烹饪时间：1/分钟　● 功效：开胃消食

原料：鸭心20克，醪糟100克，陈皮5克，花椒、干辣椒、姜片、葱段各少许

调料：料酒10毫升，盐2克，鸡粉2克，蚝油3克，水淀粉4毫升，食用油适量

•• 做法 ••

1 洗好的鸭心汆去血水，捞出，沥干水分。

2 热锅注油，倒入姜片、葱段、鸭心、料酒，炒片刻，放入花椒、干辣椒、陈皮、醪糟、清水，煮沸，加入盐、蚝油，炒匀，焖15分钟至熟软。

3 加鸡粉、水淀粉、葱段炒匀即可。

草菇花菜炒肉丝

● 难易度：★★☆

● 烹饪时间：3分钟　● 功效：清热解毒

原料：草菇70克，彩椒20克，花菜180克，猪瘦肉240克，姜片、蒜末、葱段各少许

调料：盐3克，生抽4毫升，料酒8毫升，蚝油、水淀粉、食用油各适量

●‥ 做法 ‥●

1　草菇洗净对半切开，彩椒洗净切丝，花菜洗净切朵，猪瘦肉洗净切丝。

2　瘦肉加料酒、盐、水淀粉、食用油，拌匀腌渍；草菇、花菜、彩椒焯水。

3　用油起锅，倒入肉丝、姜片、蒜末、葱段，放入焯过水的食材，炒匀，加盐、生抽、料酒、蚝油、水淀粉，炒熟即可。

泡椒爆猪肝

● 难易度：★★☆

● 烹饪时间：2分钟　● 功效：益气补血

原料：猪肝200克，水发木耳80克，胡萝卜60克，青椒20克，泡椒15克，姜片、蒜末、葱段各少许

调料：盐4克，鸡粉3克，料酒10毫升，豆瓣酱8克，水淀粉10毫升，食用油适量

●‥ 做法 ‥●

1　木耳、青椒洗净切块，洗好去皮的胡萝卜切片，泡椒对半切开，猪肝洗净切片，放盐、鸡粉、料酒、水淀粉，拌匀腌渍；木耳、胡萝卜焯水。

2　用油起锅，放入姜片、葱段、蒜末、猪肝、料酒、豆瓣酱，炒匀，倒入木耳、胡萝卜、青椒、泡椒、水淀粉、盐、鸡粉，炒匀即可。

原料：带鱼肉300克，八角、桂皮、姜片、葱段各少许
调料：盐2克，生抽、老抽各2毫升，料酒3毫升，生粉、食用油适量

五香烧带鱼

● 难易度：●
● 烹饪时间：8分钟
★★☆
● 功效：益气补血

•• 做法 ••

1 洗净的带鱼肉两面切花刀，切成大块，撒上适量生粉，待用。

2 用油起锅，放入带鱼块，用小火煎出香味，翻转鱼身，煎至两面断生，盛出多余的油。

3 放入姜片、葱段、八角、桂皮，炒香。

4 注水，煮沸，加入少许盐、生抽、老抽、料酒，拌匀调味。

5 盖上盖，用小火煮5分钟。

6 揭盖，拣出八角、桂皮、姜片、葱段，关火后盛入盘中即可。

★ tips
煎带鱼时要将带鱼放好位置，使其受热均匀。

红烧牛肚

难易度：★★☆

烹饪时间：4分钟

功效：益气补血

原料：牛肚270克，蒜苗120克，彩椒40克，姜片、蒜末、葱段少许

调料：盐、鸡粉各2克，蚝油7克，豆瓣酱10克，生抽、料酒各5毫升，老抽6毫升，水淀粉、食用油各适量

•• 做法 ••

1 洗净的蒜苗切段；彩椒切菱形块；处理干净的牛肚斜刀切片。

2 锅中注水烧开，倒入牛肚汆去异味，捞出沥干备用。

3 用油起锅，倒入姜片、蒜末、葱段爆香，放牛肚、料酒炒匀。

4 放入彩椒、蒜苗梗，炒匀，加入生抽、豆瓣酱，炒香炒透。

5 注入少许清水，拌匀，放入盐、鸡粉、蚝油，炒匀。

6 淋入老抽，炒匀，用小火略煮，放入蒜苗叶，炒软，倒入水淀粉勾芡，翻炒均匀至食材熟透，即可装盘。

tips

牛肚汆煮好后过一下冷水，吃起来更加爽口。

口蘑嫩鸭汤

● 难易度：★★☆
● 烹饪时间：6分钟　● 功效：清热解毒

原料：口蘑150克，鸭肉300克，高汤600毫升，葱段、姜片各少许

调料：盐2克，料酒5毫升，生粉3克，鸡粉、胡椒粉、食用油各适量

● ● 做法 ● ●

1 鸭肉洗净切片，洗净的口蘑切片。
2 鸭肉装入碗中，加入盐、料酒、生粉，拌匀；锅中注入清水烧开，倒入鸭片，汆煮片刻，捞出，沥干水分。
3 热锅注油，倒入姜片、葱段、鸭肉片、高汤、口蘑、盐，炒匀，煮5分钟，加鸡粉、胡椒粉，拌匀即可。

冬瓜雪梨谷芽鱼汤

● 难易度：★★★
● 烹饪时间：186分钟　● 功效：充饥提神

原料：冬瓜200克，雪梨150克，草鱼250克，水发银耳80克，谷芽5克，姜片少许，隔渣袋1个

调料：盐2克，食用油适量

● ● 做法 ● ●

1 雪梨、冬瓜、草鱼洗净切块。
2 热锅注油，放入草鱼块炸至两面金黄，放入隔渣袋，系好。
3 砂锅中注水，倒入冬瓜、雪梨、姜片、谷芽、银耳、隔渣袋，拌匀，煮3小时，加入盐，拌匀，取出隔渣袋；将煮好的汤水盛入碗中，解开隔渣袋，取出草鱼块，放入碗中即可。

腰果炒空心菜

- 难易度：★★☆
- 烹饪时间：2分钟　功效：清热解毒

原料：空心菜100克，腰果70克，彩椒15克，蒜末少许

调料：盐2克，白糖、鸡粉、食粉各3克，水淀粉、食用油各适量

•• 做法 ••

1　洗净的彩椒切细丝。
2　腰果、空心菜焯水；腰果炸香。
3　用油起锅，倒入蒜末、彩椒丝、空心菜，炒匀，加入盐、白糖、鸡粉、水淀粉，拌匀，盛出炒好的菜肴，装入盘中，点缀上熟腰果即成。

木耳烩豆腐

- 难易度：★★☆
- 烹饪时间：4分钟　功效：清热解毒

原料：豆腐200克，木耳50克，蒜末、葱花各少许

调料：盐3克，鸡粉2克，生抽、老抽、料酒、水淀粉、食用油各适量

•• 做法 ••

1　把豆腐、木耳洗净切块，焯水。
2　用油起锅，放入蒜末、木耳、料酒、清水、生抽，炒匀，加入盐、鸡粉、老抽、豆腐，搅匀，煮2分钟至熟，倒入水淀粉，盛出锅中的食材，装入碗中，撒入葱花即可。

虾仁鸡蛋炒秋葵

● 难易度：★★☆
● 烹饪时间：7分钟
● 功效：健胃消食

原料：秋葵150克，鸡蛋3个，虾仁100克

调料：盐、鸡粉各3克，料酒、水淀粉、食用油各适量

★ tips

秋葵可以先焯一下水，这样炒的时间可以短一点。

•• 做法 ••

1 洗净的秋葵切去柄部，斜刀切小段。

2 处理好的虾仁切成丁状；鸡蛋打入碗中，加盐、鸡粉，搅散，再将虾仁倒入碗中，加入盐、料酒、水淀粉，拌匀腌渍。

3 用油起锅，倒入虾仁，炒至转色，放入秋葵，翻炒约3分钟至熟，装盘待用。

4 用油起锅，倒入打好的鸡蛋液，放入秋葵和虾仁，翻炒约2分钟至食材熟透，装入盘中即可。

原料：西芹120克，水发红腰豆150克，鲜百合45克，彩椒10克
调料：盐3克，鸡粉少许，白糖4克，水淀粉、食用油各适量

西芹百合炒腰豆

● 难易度… ★★☆
● 烹饪时间… 2分钟 ● 功效… 补脑提神

•• 做法 ••

1 洗净的西芹切块；洗好的彩椒切成丁。

2 热锅注水烧开，放入红腰豆拌匀，加白糖、盐、食用油。

3 倒入切好的西芹，拌匀，放入彩椒块、洗净的鲜百合，拌匀，煮至食材断生，捞出沥干水分，待用。

4 用油起锅，倒入焯过水的食材，炒匀炒香。

5 转小火，加入少许盐、白糖、鸡粉，倒入适量水淀粉。

6 用中火快速炒匀，至食材熟软入味，关火后盛入盘中即成。

tips
洗百合时最好用温水，这样更容易去除污渍。

西红柿海鲜饭

● 难易度：★★☆

● 烹饪时间：20分钟　● 功效：增强免疫

原料：米饭170克，鱿鱼85克，煮熟的蛤蜊120克，虾仁80克，西红柿110克，番茄酱40克，奶酪碎25克，蒜末少许

调料：盐、鸡粉各1克，食用油适量

●‥‥ 做法 ‥‥●

1 洗净的鱿鱼切圈；虾仁背部切开，取出虾线；西红柿切块。

2 用油起锅，爆香蒜末，放虾仁、鱿鱼、蛤蜊炒香，放西红柿、番茄酱炒匀；倒入米饭，压散，加盐、鸡粉炒匀调味。

3 备好烤箱，取出烤盘，放上锡纸，放上海鲜饭、奶酪碎，放入烤箱里，180℃烤15分钟即可。

大麦糙米饭

● 难易度：★☆☆

● 烹饪时间：40分钟　● 功效：开胃消食

原料：水发大麦200克，水发糙米160克

●‥‥ 做法 ‥‥●

1 取一个碗倒入泡发好的大麦、糙米。

2 倒入清水，拌匀。

3 蒸锅上火烧开，放入食材，蒸40分钟至熟，将米饭取出即可。

胡萝卜西蓝花沙拉

● 难易度：★★☆
● 烹饪时间：1分钟　● 功效：开胃消食

原料：胡萝卜片70克，西蓝花100克
调料：芝麻酱15克，花生酱15克，白糖2克，白醋3毫升，盐少许

• • 做法 • •

1 胡萝卜、西蓝花焯水，捞出放入凉水中放凉，捞出沥干。
2 碗中倒入花生酱、芝麻酱、盐、白醋、白糖、凉开水，搅匀制成酱汁。
3 取小碟子，摆上胡萝卜片、西蓝花，浇上调好的酱汁即可食用。

玉米焦糖双桃沙拉

● 难易度：★★☆
● 烹饪时间：2分钟　● 功效：充饥提神

原料：玉米粒40克，水蜜桃肉65克，核桃仁25克，酸奶20克
调料：盐2克，白糖少许，食用油适量

• • 做法 • •

1 将备好的水蜜桃肉切小瓣。
2 玉米粒焯水；热锅注油，倒入核桃仁，炸呈金黄色后捞出，沥干油。
3 取碗，倒入核桃仁、玉米粒，拌匀，加入盐、白糖，拌至糖分溶化，另取盘，放入水蜜桃肉，摆整齐，盛入拌好的材料，浇上酸奶即可。

燕麦五宝饭

● 难易度：★★☆

● 烹饪时间：21分钟 ● 功效：增进食欲

原料：水发大米120克，水发黑米60克，水发红豆45克，水发莲子30克，燕麦40克

tips

先用水将食材泡发，可以缩短烹煮时间，尤其是红豆，一定要提前浸泡4~6小时。

•• 做法 ••

1 砂锅中注入适量清水烧热，倒入洗好的大米、黑米、莲子。

2 将洗净的红豆、燕麦放入锅中。

3 将食材搅拌均匀。

4 盖上盖，烧开后用小火煮20分钟至熟，关火后将煮熟的饭盛出即可。

健康晚餐——养颜又安眠

俗话说："晚饭少一口，活到九十九"。晚上人们睡觉休息，身体活动量降到最小值，同时，身体在生理状态下也不同于白天。如果晚餐摄人过多的营养物质，日久体内脂肪越积越多，人体就会发胖，同时又增加心脏负担，给健康带来不利因素。晚餐吃得过饱时，鼓胀的肠胃就会对周围的器官造成压迫，使大脑相应部位的细胞活跃起来，诱发各种各样的梦。噩梦使人疲劳，长此以往，会引起神经衰弱等病。

晚餐过迟又可引起尿结石。尿结石的主要成分是钙，而食物中所含的钙除了一部分是通过肠壁被机体吸收外，多余的则全部由小便排出。人们排尿的高峰时间是饭后4—5小时，而晚饭吃得过迟，人们不再进行激烈活动，会使晚饭后产生的尿液全部滞留在膀胱中。这样，膀胱尿液中钙的含量会不断增加，久而久之，就形成了尿结石。因此，晚餐不宜进食太迟，至少要在就寝前两小时就餐。

虾酱蒸鸡翅

● 难易度：★★☆

● 烹饪时间：27分钟 ● 功效：美容养颜

原料：鸡翅120克，姜末、蒜末、葱花各少许

调料：盐、老抽各少许，生抽3毫升，虾酱、生粉各适量

· · 做法 · ·

1 在洗净的鸡翅上打上花刀，放入碗中，放入生抽、老抽、姜末、蒜末、虾酱、盐、生粉，拌匀腌渍。
2 取一个干净的盘子，摆放上腌渍好的鸡翅，待用。
3 蒸锅上火烧开，放入装有鸡翅的盘子，用中火蒸约10分钟至食材熟透。
4 取出蒸好的鸡翅，撒上葱花即成。

茄汁鱿鱼卷

● 难易度：★★☆
● 烹饪时间：2分钟 ● 功效：养心安神

原料：鱿鱼肉170克，莴笋65克，胡萝卜45克，葱花少许

调料：番茄酱30克，盐2克，料酒5毫升，食用油适量

・・ 做法 ・・

1 将去皮洗净的莴笋、胡萝卜切薄片，在洗净的鱿鱼肉切小块。
2 胡萝卜片、鱿鱼块分别焯水。
3 用油起锅，倒入番茄酱、盐、鱿鱼卷，炒匀，放入胡萝卜、莴笋片、料酒，炒匀，撒上葱花，炒出葱香味，盛出炒好的菜肴，装入盘中即可。

清炖牛肉汤

● 难易度：★★☆
● 烹饪时间：152分钟 ● 功效：助睡安眠

原料：牛腩块270克，胡萝卜120克，白萝卜160克，葱条、姜片、八角各少许

调料：料酒8毫升

・・ 做法 ・・

1 将去皮洗净的胡萝卜切滚刀块，洗好去皮的白萝卜切滚刀块。
2 牛腩块焯水，捞出，沥干水分。
3 砂锅中注水烧开，放入葱条、姜片、八角、牛腩块、料酒，煲约2小时，倒入胡萝卜、白萝卜，续煮约30分钟，拣出八角、葱条和姜片即成。

原料：猪蹄块300克，三杯酱汁120毫升，青椒圈25克，葱结、姜片、蒜头、八角、罗勒叶各少许，白酒7毫升

调料：盐3克，食用油适量

难易度：★★☆

烹饪时间：94分钟 ● 功效：养心安神

三杯卤猪蹄

••• 做法

1 锅中注入适量清水烧开，放入洗净的猪蹄块焯水，捞出。

2 锅中注水烧热，放入猪蹄，加白酒、八角、部分姜片、葱结和适量盐，大火煮一会儿，至汤水沸腾。

3 转小火煮约60分钟，至猪蹄熟软，关火后捞出煮好的猪蹄块。

4 用油起锅，放入蒜头，撒上余下的姜片，倒入青椒圈，爆香。

5 注入三杯酱汁，倒入猪蹄，加水，烧开后转小火卤约30分钟。

6 放入洗净的罗勒叶，拌匀，煮至断生，盛出摆盘即可。

tips
猪蹄焯好后应再过一遍凉水，能更彻底洗去污渍。

黄豆木瓜银耳排骨汤

● 难易度：★★☆

● 烹饪时间：182分钟 ● 功效：排毒养颜

原料：水发银耳60克，木瓜100克，排骨块250克，水发黄豆80克，姜片少许

调料：盐2克

● · · 做法 · · ●

1 洗净的木瓜切块。

2 锅中注入清水烧开，倒入排骨块，汆煮片刻，捞出，沥干水分。

3 砂锅中注入清水，倒入排骨块、黄豆、木瓜、银耳、姜片，拌匀，煮3小时至食材熟透，加入盐，拌片刻至入味，盛出煮好的汤，装入碗中即可。

苹果炖鱼

● 难易度：★★☆

● 烹饪时间：8分钟 ● 功效：养心安神

原料：草鱼肉150克，猪瘦肉50克，苹果50克，红枣10克，姜片少许

调料：盐3克，鸡粉4克，料酒8毫升，水淀粉3毫升，食用油少许

● · · 做法 · · ●

1 苹果洗净去核切块，草鱼肉、猪瘦肉洗净切块，红枣洗净切开，去核。

2 瘦肉装入碗中，放入盐、鸡粉、水淀粉，拌匀，腌渍一会儿。

3 热锅注油，放入姜片、草鱼块，煎至两面呈微黄色，加料酒、清水、红枣、盐、鸡粉、瘦肉，焖煮约5分钟至熟，倒入苹果块，煮约1分钟即可。

海蜇黄瓜拌鸡丝

● 难易度：★★☆
● 烹饪时间：3分钟　● 功效：美容养颜

原料：黄瓜180克，海蜇丝220克，熟鸡肉110克，蒜末少许

调料：葡萄籽油5毫升，盐、鸡粉、白糖各1克，陈醋、生抽各5毫升

・・ 做法 ・・

1 洗净的黄瓜切丝，熟鸡肉撕成丝。
2 热水锅中倒入洗净的海蜇，余煮一会儿去除杂质，捞出，沥干水分。
3 取碗，倒入海蜇、鸡肉丝、蒜末、盐、鸡粉、白糖、陈醋、葡萄籽油，拌匀，往黄瓜丝上淋入生抽，将拌好的鸡丝海蜇倒在黄瓜丝上，放上香菜点缀即可。

清拌金针菇

● 难易度：★★☆
● 烹饪时间：4分钟　● 功效：排毒养颜

原料：金针菇300克，朝天椒15克，葱花少许

调料：盐2克，鸡粉2克，蒸鱼豉油30毫升，白糖2克，橄榄油适量

・・ 做法 ・・

1 将洗净的金针菇切去根部，将朝天椒切圈。
2 金针菇焯水，捞出，装入盘中摆好。
3 朝天椒、蒸鱼豉油、鸡粉、白糖，拌匀，制成味汁，浇在金针菇上，撒上葱花；锅中注入橄榄油烧热，将热油浇在金针菇上即成。

西红柿炒山药

● 难易度：★★☆

● 烹饪时间：4分钟

● 功效：助睡安眠

原料：去皮山药200克，西红柿150克，大葱10克，大蒜5克，葱段5克

调料：盐、白糖各2克，鸡粉3克，水淀粉适量

tips

切好的山药要放入水中浸泡，否则容易氧化变黑。

• • 做法 • •

1 洗净的山药切成块状；西红柿切成小瓣；蒜切片；葱切段。

2 锅中注入适量清水烧开，加入盐、食用油，倒入山药，焯煮片刻至断生，捞出待用。

3 用油起锅，倒入大蒜、大葱、西红柿、山药，炒匀，加入盐、白糖、鸡粉，炒匀。

4 倒入水淀粉，炒匀，加入葱段，翻炒约2分钟至熟，盛入盘中即可。

泰式炒乌冬面

● 难易度：★★☆
● 烹饪时间：5分钟 ● 功效：养心安神

原料：乌冬面200克，西蓝花90克，脆笋20克，泰式甜辣酱15克

调料：盐、鸡粉各2克，生抽5毫升，食用油适量

・・ 做法 ・・

1 洗净的西蓝花切去根部，切小朵。
2 锅中注入清水烧开，倒入乌冬面，煮至熟软，捞出，沥干水分；倒入西蓝花，焯煮片刻，捞出，沥干水分。
3 用油起锅，倒入脆笋、泰式甜辣酱、乌冬面，炒匀，加入生抽、盐、鸡粉、西蓝花，炒熟，盛出即可。

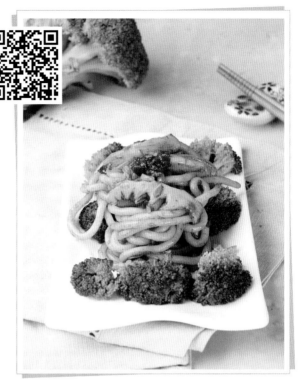

牛肉粒炒河粉

● 难易度：★★☆
● 烹饪时间：6分钟 ● 功效：滋养脾胃

原料：河粉120克，牛肉90克，韭菜20克，豆芽30克，小白菜10克，洋葱20克，白芝麻5克，蒜片少许，彩椒20克

调料：盐2克，鸡粉3克，生抽10毫升、料酒、老抽各5毫升，食粉、油、水淀粉适量

・・ 做法 ・・

1 小白菜、韭菜洗净切段，洋葱、牛肉、彩椒洗净切丁。
2 牛肉加生抽、料酒、食粉、水淀粉、油，腌渍；热锅注油，倒入牛肉炸香。
3 用油起锅，放蒜片、洋葱、豆芽、河粉、盐、鸡粉、生抽、老抽，炒熟，倒入小白菜、彩椒、韭菜、牛肉，炒入味，撒上白芝麻即可。

原料：魔芋面250克，茭白15克，竹笋10克，西蓝花30克，清鸡汤150毫升

调料：盐、鸡粉各2克，生抽5毫升

鲜笋魔芋面

● 难易度：★★☆
● 烹饪时间：5分钟
● 功效：助睡安眠

• •（做法）• •

1　切好的西蓝花焯水后捞出待用。

2　沸水锅中倒入切好的茭白，略煮一会儿，捞出待用；锅中再倒入切好的竹笋，略煮一会儿去除苦味，捞出待用。

3　锅中注入适量清水烧开，放入魔芋面，煮2分钟至其熟软。

4　捞出煮好的魔芋面，装入碗中，放上西蓝花。

5　另起锅，倒入鸡汤，放入竹笋、茭白。

6　加入盐、鸡粉、生抽，拌匀，煮至入味，盛入面碗中即可。

★ \ tips /

魔芋面煮好后可以过一下冷水，这样能保持其爽弹的口感。

奶香玉米饼

难易度：★★☆

烹饪时间：5分钟 ● 功效：助睡安眠

原料：鸡蛋1个，牛奶100毫升，玉米粉150克，面粉120克，泡打粉、酵母各少许

调料：白糖、食用油各适量

· · 做法 · ·

1 将玉米粉、面粉放入碗中，倒入泡打粉、酵母、白糖，拌匀。

2 打入鸡蛋，拌匀，倒入牛奶，搅拌匀。

3 分次加入少许清水，搅拌匀，使材料混合均匀，呈糊状。

4 盖上湿毛巾静置约30分钟，使其发酵，发酵好后注入少许食用油，拌匀备用。

5 煎锅置于火上，刷上少许食用油烧热，转小火。

6 将面糊做成小圆饼放入煎锅中，小火煎至两面熟透即可。

tips
煎玉米饼时火候不要太大，以免煎糊。

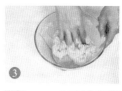

红枣杏仁小米粥

● 难易度：★★☆

● 烹饪时间：33分钟 ● 功效：美容养颜

原料：红枣2颗，杏仁40克，水发小米250克

• • 做法 • •

1 热水锅中倒入洗净的红枣，放入备好的杏仁。

2 倒入泡好的小米，拌匀，煮30分钟至食材熟软，搅拌，以免粘锅底。

3 盛出煮好的粥品，装碗即可。

鲜虾粥

● 难易度：★★☆

● 烹饪时间：33分钟 ● 功效：滋养脾胃

原料：基围虾200克，水发大米300克，姜丝、葱花各少许

调料：料酒4毫升，盐2克，胡椒粉2克，食用油少许

• • 做法 • •

1 处理好的虾切去虾须，切开背部去除虾线。

2 砂锅中注入清水大火烧热，倒入大米，搅拌片刻，煮20分钟至熟软。

3 加入食用油、虾、姜丝、盐、料酒、胡椒粉，搅匀，煮2分钟，将煮好的粥盛出装入碗中，撒上葱花即可。

高粱小米豆浆

- 难易度：★★☆
- 烹饪时间：21分钟 ● 功效：美容养颜

原料：水发黄豆50克，水发高粱米40克，小米35克

•• 做法 ••

1 将小米倒入碗中，倒入已浸泡8小时的黄豆，放入泡好的高粱米，加入清水，洗干净，将洗好的材料倒入滤网，沥干水分。

2 把洗好的材料倒入豆浆机中，注入清水，选择"五谷"程序，待豆浆机运转约20分钟，即成豆浆。

3 把煮好的豆浆倒入滤网，滤取豆浆，倒入杯中，撇去浮沫即可。

橙盅酸奶水果沙拉

- 难易度：★★☆
- 烹饪时间：2分钟 ● 功效：排毒养颜

原料：橙子1个，猕猴桃肉35克，圣女果50克，酸奶30克

•• 做法 ••

1 将备好的猕猴桃肉切小块，洗好的圣女果对半切开，洗净的橙子切去头尾，用雕刻刀从中间分成两半，取出果肉，制成橙盅，果肉切小块。

2 取碗，倒入圣女果、橙子肉块、猕猴桃肉，拌至食材混合均匀。

3 另取盘，放上橙盅，摆整齐，盛入拌好的材料，浇上酸奶即可。

牛奶西米露

● 难易度：★★☆

● 烹饪时间：22分钟

● 功效：美容养颜

原料：西米80克，牛奶30毫升，香蕉70克

调料：白糖10克

tips

西米宜热水下锅，并不时搅拌，以免粘到一起。

•• 做法 ••

1 把洗净的香蕉去皮，切成小块备用。

2 砂锅中注水烧开，倒入备好的西米，拌匀，盖上锅盖，煮沸后转小火煮20分钟。

3 加入适量牛奶，拌匀。

4 倒入切好的香蕉和少许白糖，搅拌均匀煮至糖溶化，关火后盛出煮好的甜汤即可。

安眠桂圆豆浆

● 难易度：★★☆

● 烹饪时间：10分钟

● 功效：安神助眠

原料：水发黄豆60克，桂圆肉10克，百合20克

调料：白糖适量

tips

桂圆肉有甜味，可根据个人喜好选择是否添加白糖。

• • 做法 • •

1 将已浸泡8小时的黄豆倒入碗中，加入适量清水，搓洗干净

2 将洗好的黄豆放入滤网，沥干水分；把备好的黄豆、桂圆肉、百合放入豆浆机中；注入适量清水，至水位线即可

3 盖上豆浆机机头，选择"五谷"程序，再选择"开始"键，打成豆浆。

4 把煮好的豆浆倒入滤网，滤取豆浆倒入碗中，放入适量白糖，搅拌均匀至其溶化，待稍微放凉后即可饮用。

好气色年复一年

——为老婆做节日大餐

　　一年到头，气色好，身体棒，老公为老婆做营养餐迎接每个节日，让老婆开心，不同的时节，老公对老婆浓郁的爱，点滴的爱体现每顿饭菜上，哄老婆，每个节日老公换新招，营养齐全，老婆气色一天天越来越靓，本章让一年四季每个节日，老公为老婆带来缤纷五彩的爱，尽情享受每次营养盛宴，让老婆迎来一次次的飞跃。

春节——给老婆做顿养颜新年餐

中国的春节，"吃"往往会成为大部分人节日期间的主要活动，一家人围坐在热气腾腾的饭桌旁，就是透着那么一股喜庆热闹劲儿，这可以算是中国民间过年的最大特点了。往往这个时候，家里的掌勺主将–老婆可就有的折腾了，十个甚至更多的家人的伙食需要她来完成，一天下来，看到大家将自己的劳动成果一扫而光，心里虽然美滋滋，但体力透支也较大。

在这个其乐融融的大团圆之际，各位男士如果能挺身而出，给老婆卸下包袱，包下全部的烹饪工作量，亲自给老婆和一大家子做一顿大餐，那将别有一番情趣！

春节期间，天气往往乍暖还寒，这和人体正在生发的阳气相悖，易形成肝火内郁，加之天气干燥，很容易发生上火、便秘、口干、感冒发烧一类的事情。饮食应以发散食物为主，如：韭菜、蒜苗、洋葱、萝卜、芥菜、荠菜、豆芽、小蒜、韭黄、菜薹、香菜，意在祛散阴寒、散发五脏之气。

红烧狮子头

- 难易度：★★☆
- 烹饪时间：8分钟 ● 功效：开胃消食

原料：上海青80克，马蹄肉60克，鸡蛋1个，五花肉末200克，葱、姜末各少许
调料：盐2克，鸡粉3克，蚝油、生抽、生粉、水淀粉、料酒、食用油各适量

做法

1 上海青切瓣，马蹄肉切碎末。
2 取碗，放肉末、姜末、葱花、马蹄肉末、鸡蛋、盐、鸡粉、料酒、生粉，；锅中加清水、盐、上海青，煮断生，捞出。
3 锅中注油，揉成肉丸，炸至金黄色；锅底留油，加清水、盐、鸡粉、蚝油、生抽、肉丸、水淀粉，炒熟，盛出即可。

山楂菠萝炒牛肉

● 难易度：★★☆

● 烹饪时间：2分30秒 ● 功效：益气补血

原料：牛肉片200克，水发山楂片25克，菠萝600克，圆椒少许

调料：番茄酱、盐、鸡粉、食粉、料酒、水淀粉、食用油各适量

● · · 做法 · · ●

1 牛肉片装碗中，加盐、料酒、食粉、水淀粉、食用油，拌匀；圆椒切块；菠萝制成菠萝盅，切块。

2 热锅注油，倒入牛肉、圆椒，炸香。

3 锅底留油，放山楂片、菠萝肉、番茄酱、食材、料酒、盐、鸡粉、水淀粉，炒至熟透，盛入菠萝盅即成。

粉蒸鸭肉

● 难易度：★★☆

● 烹饪时间：30分钟 ● 功效：增强免疫

原料：鸭肉350克，蒸肉米粉50克，水发香菇110克，葱花、姜末各少许

调料：盐1克，甜面酱30克，五香粉5克，料酒5毫升

● · · 做法 · · ●

1 取蒸碗，放入鸭肉，加入盐、五香粉、料酒、甜面酱、香菇、葱花、姜末、蒸肉面粉，搅拌片刻。

2 取一个碗，放入鸭肉，待用，蒸锅上火烧开，放入鸭肉。

3 蒸30分钟至熟透，掀开锅盖，将鸭肉取出，将鸭肉扣在盘中即可。

清炖羊肉汤

● 难易度：★★☆
● 烹饪时间：82分钟　● 功效：安神助眠

原料：羊肉块350克，甘蔗段120克，白萝卜150克，姜片20克

调料：料酒20毫升，盐3克，鸡粉2克，胡椒粉2克

● ●【做法】● ●

1　白萝卜切成段；锅中注入清水，倒入羊肉块，煮1分钟，淋入料酒，汆去血水，捞出。
2　砂锅中加清水、羊肉块、甘蔗段、姜片、料酒。
3　放白萝卜、盐、鸡粉、胡椒，煮至食材熟透，装入碗中即可。

多彩素锦节节高

● 难易度：★★★
● 烹饪时间：2分钟　● 功效：美容养颜

原料：黄瓜220克，豌豆55克，玉米粒40克，彩椒少许

调料：盐、鸡粉各2克，生抽3毫升，水淀粉、食用油各适量

● ●【做法】● ●

1　将洗净的黄瓜分段，在瓜肉上挖出一个长方形凹槽，制成数个黄瓜盅；彩椒切丁。
2　锅中加清水、豌豆、玉米粒，煮2分钟，倒入彩椒丁，煮至断生，捞出。
3　用油起锅，加材料、盐、鸡粉、生抽、水淀粉，炒熟，放黄瓜盅中。

原料：鲫鱼、啤酒、黄豆酱、姜片、蒜片、葱段各少许
调料：盐2克，鸡粉、白糖各3克，料酒、生抽、食用油各适量

酱烧啤酒鱼

● 烹饪时间：15分钟
● 难易度：★★☆
● 功效：开胃消食

•• 做法 ••

1 洗净的鲫鱼两面切上刀花。

2 用油起锅，放入鲫鱼，煎约2分钟至两面金黄色。

3 倒入姜片、蒜片、葱段，炒匀。

4 加入料酒、生抽、啤酒，煮约1分钟至入味。

5 放入黄豆酱、盐，拌匀，焖约10分钟至食材熟软。

6 加入白糖、鸡粉，煮约1分钟，盛出菜肴，装入盘中即可。

tips

喜欢酒味浓郁的，可以增加啤酒的比例。

酱烧藕盒

难易度：★★☆

烹饪时间：3分钟

功效：开胃消食

原料：肉末、小麦面粉、泡打粉、酵母粉、莲藕、葱花、蒜末、姜各适量

调料：黄豆酱、老抽、鸡粉、白糖、水淀粉、生抽、胡椒粉、十三香，食用油各适量

tips

面糊不宜调得太稀，以免不易挂糊。

•• 做法 ••

1 洗净去皮的莲藕切厚片，在厚片中切一道口子。

2 肉末装碗，放葱花、姜末、蒜末、生抽、盐、鸡粉、胡椒粉、十三香、清水、酵母粉、泡打粉、清水，制成面糊，肉末放藕片中。

3 热锅加食用油，将藕片裹上面糊，放入油锅中，炸至微黄色。

4 锅底留油，放黄豆酱、清水、老抽、鸡粉、白糖、水淀粉，浇在炸好的藕盒上即可。

炸春卷

● 难易度：★★★

● 烹饪时间：5分钟 ● 功效：增强免疫

原料：春卷皮100克，包菜85克，香干65克，胡萝卜60克，瘦肉80克

调料：盐2克，鸡粉少许，料酒2毫升，生抽4毫升，水淀粉、食用油各适量

● · 做法 · ●

1 香干、胡萝卜、包菜、瘦肉切丝；油起锅，放肉、料酒、胡萝卜、豆干、包菜、盐、生抽、鸡粉、水淀粉，炒匀。
2 取春卷皮，制成春卷生坯。
3 热锅注油，放入生坯，炸至食材熟透，捞出，取盘子，放入炸好的春卷即成。

满园春色沙拉

● 难易度：★☆☆

● 烹饪时间：1分钟 ● 功效：开胃消食

原料：生菜50克，甜椒100克，圣女果50克，洋葱40克

调料：沙拉酱适量

● · 做法 · ●

1 甜椒去籽，切块；生菜切小段；洋葱切块；圣女果对半切开。
2 锅中注入清水，倒入甜椒、洋葱，汆煮片刻，捞出。
3 取盘子，摆上圣女果，将放凉的食材装入碗中，放入生菜，拌匀，将拌好的食材倒入盘中，挤上少许沙拉酱即可食用。

情人节——餐桌上表达温暖的爱

在情人节的习俗中，鲜花和巧克力是庆祝时必不可少的。这是男性送女性最经典的礼物，表明专一、情感和活力。巧克力自它诞生以来就与情爱有着千丝万缕的联系。相爱的人们用甜蜜的巧克力表达对爱人的浓浓情谊。爱是巧克力，爱是熔化的心。巧克力在情人节礼物中与玫瑰花相比是不分伯仲的。

玫瑰花是情人节的开场，巧克力是情人节的温存，作为情人节压轴的则一定就是晚餐。不论你是想给你的她一份怎样大的情人节晚餐，不论你们的晚餐是在幽幽的烛光里，是在漫天星光的广场上，还是在叫卖声起伏的路边小摊，对于晚餐的内容，也都只有一个，就是爱。

情人节一般在立春时节，此时阳气初生，宜食辛甘发散之品，不宜多食酸收的食物，如橙子、橘、柚、杏、木瓜、枇杷、山楂、橄榄、柠檬、石榴、乌梅等，在五脏与五味的关系中，酸味入肝，具收敛之性。

洋葱炒鸭胗

● 难易度：★★☆
● 烹饪时间：3分钟　● 功效：开胃消食

原料：鸭胗170克，洋葱80克，彩椒60克，姜片、蒜末、葱段各少许

调料：盐3克，鸡粉3克，料酒5毫升，蚝油5克，生粉、水淀粉、食用油各适量

·· 做法 ··

1 彩椒切小块，洋葱切小块，鸭胗切小块；鸭胗装碗，加料酒、盐、鸡粉、生粉，拌匀。
2 锅中加清水、鸭胗，汆去血水，捞出。
3 油起锅，放姜片、蒜末、葱段、鸭胗、料酒、洋葱、彩椒、盐、鸡粉、蚝油、清水、水淀粉，炒熟。

牛肉苹果丝

● 难易度：★★☆

● 烹饪时间：2分钟 ● 功效：美容养颜

原料：牛肉丝150克，苹果150克，生姜15克

调料：盐3克，鸡粉2克，料酒5毫升，生抽4毫升，水淀粉3毫升，食用油适量

··· 做法 ···

1 生姜切成丝，苹果切条。

2 牛肉丝装盘中，加盐、料酒、水淀粉、食用油，腌渍半小时。

3 热锅注油，倒入姜丝、牛肉，翻炒至变色，加入料酒、生抽、盐、鸡粉、苹果丝，均匀，关火后将炒好的菜肴盛入盘中即可。

香菜炒鸡丝

● 难易度：★★☆

● 烹饪时间：1分钟 ● 功效：增强免疫

原料：鸡胸肉400克，香菜120克，彩椒80克

调料：盐3克，鸡粉2克，水淀粉4毫升，料酒10毫升，食用油适量

··· 做法 ···

1 香菜切去根部，切段；彩椒切丝；鸡胸肉切丝，放碗中，加盐、鸡粉、水淀粉、食用油，拌匀。

2 热锅注油，放鸡肉丝，滑油至变色，捞出。

3 锅底留油，加彩椒丝、鸡肉丝、料酒、鸡粉、盐、香菜，炒熟，盛出。

麦冬黑枣土鸡汤

● 难易度：★★☆
● 烹饪时间：60分钟　● 功效：降低血脂

原料：鸡腿700克，麦冬5克，黑枣10克，枸杞适量

调料：料酒10毫升，米酒5毫升

● ● 做法 ● ●

1 锅中注入清水烧开，加入鸡腿、料酒，汆煮片刻，捞出待用。

2 另起砂锅，注水烧热，倒入麦冬、黑枣、鸡腿、料酒，拌匀。

3 加盖，大火煮开后转小火续煮1小时至食材熟透，揭盖，加入枸杞，续煮10分钟至食材入味，即可。

爱心蔬菜蛋饼

● 难易度：★★☆
● 烹饪时间：5分钟　● 功效：开胃消食

原料：菠菜60克，土豆100克，南瓜80克，豌豆50克，鸡蛋2个，面粉适量

调料：盐2克，牛油、食用油各少许

● ● 做法 ● ●

1 菠菜切碎末，南瓜、土豆切细丝。

2 锅中加清水、盐、豌豆、食用油、南瓜、土豆、菠菜，煮至断生，捞出。

3 取碗，倒入食材、鸡蛋、盐、面粉，拌匀，煎锅置于火上，加食用油、面糊，煎至两面熟透，盛出蛋饼，放凉后修成"心"形，摆在盘中即可。

腊肉萝卜汤

- 难易度：★★☆
- 烹饪时间：92分钟
- 功效：开胃消食

❶

❷

原料：去皮白萝卜200克，胡萝卜块30克，腊肉300克，姜片少许

调料：盐2克，鸡粉3克，胡椒粉适量

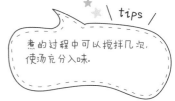
tips
煮的过程中可以搅拌几次，使汤充分入味。

❸

❹

做法

1 洗净的白萝卜切厚块，腊肉切块。

2 锅中注入清水，倒入腊肉，氽煮片刻，捞出，沥干水分。

3 砂锅中注入清水，倒入腊肉、白萝卜、姜片、胡萝卜块，拌匀，煮90分钟至食材熟透。

4 加入盐、鸡粉、胡椒粉，拌至入味，盛出煮好的汤，装入碗中即可。

烹饪时间：6分钟 ● 功效：养心润肺

难易度：★★☆

汤圆核桃露

原料：汤圆生坯200克，粘米粉60克，核桃仁30克，红枣35克

调料：冰糖25克

• • 做法 • •

1 将洗净的核桃仁切小块；洗好的红枣取果肉，切小块。

2 把粘米粉装入碗中，加入清水调匀，制成生米浆。

3 取蒸碗，倒入红枣、清水，蒸锅上火烧开，放入蒸碗，蒸至食材变软，取出。

4 取榨汁机，放核桃仁、蒸碗中的材料，榨约1分钟，滤入玻璃杯中。

5 锅置火上，加汁水、冰糖、生米浆，煮至熟透。

6 另起锅，加清水、汤圆生坯，煮至熟透，放入核桃露中即可。

\ tips /

调粘米粉时，选用温水，这样材料更容易煮熟。

 ❶

 ❷

 ❸

 ❹

 ❺

 ❻

菠菜牛蒡沙拉

● 难易度：★☆☆

● 烹饪时间：2分30秒 ● 功效：益气补血

原料：菠菜75克，牛蒡85克

调料：盐少许，生抽5毫升，沙拉酱、橄榄油各适量

做法

1 牛蒡切丝，菠菜切段。

2 锅中注入清水，放牛蒡丝，煮至断生，捞出，锅中再倒入菠菜段，略煮.至其变软后捞出。

3 取碗，倒入焯过牛蒡丝、菠菜段，加入盐、生抽、橄榄油，搅拌至食材入味，另取一盘，盛入拌好的材料，再挤上少许沙拉酱即成。

荞麦枸杞豆浆

● 难易度：★☆☆

● 烹饪时间：16分钟 ● 功效：保护视力

原料：水发黄豆55克，枸杞25克，荞麦30克

做法

1 将已浸泡的黄豆倒入碗中，再放入荞麦、清水，搓洗干净，倒入滤网，沥干水分。

2 把枸杞、黄豆、枸杞倒入豆浆机中，注入清水至水位线即可。

3 选择"五谷"程序，开始打浆，15分钟后，即成豆浆，断电取下机头，把煮好的豆浆倒入滤网，滤取豆浆，倒入杯中，用汤匙撇去浮沫即可。

妇女节——让老婆舒心休息一天

3.8国际妇女节是全世界妇女的节日。这个日子是联合国承认的，同时也被很多国家确定为法定假日。来自五湖四海的妇女们，尽管被不同的国界、种族、语言、文化、经济和政治所区分，但在这一天能够同时庆祝属于自己的节日。让我们再回首那九十年前的为得到平等、公正、和平以及发展所做出的斗争。

国际妇女节是劳动妇女创造历史的见证，妇女为争取与男性平等所走的斗争道路十分漫长。古希腊的莉西斯特拉塔就领导了妇女斗争来阻止战争；法国革命时期，巴黎妇女高呼"自由，平等，友爱"，走上凡尔赛的街头争取选举权。在这样一个具有特殊意义的时刻，老公能为老婆准备一顿丰盛的晚餐，一起享用，不仅体现对老婆的尊敬和爱护，又能增进彼此间的爱情。老公可选用一些新鲜蔬菜及富含蛋白质、维生素的清淡食物，如菠菜、水萝卜、苦瓜等食材，能预防春季感冒的发生。

木耳炒上海青

● 难易度：★★☆

● 烹饪时间：2分钟　● 功效：开胃消食

原料：上海青150克，木耳40克，蒜末少许

调料：盐3克，鸡粉2克，料酒3毫升，水淀粉、食用油各适量

•• 做法 ••

1 将洗净的木耳切小块。

2 锅中注入清水，放木耳、盐，拌匀，煮1分钟，捞出。

3 油起锅，放蒜末、上海青，炒至熟软。

4 放入木耳、盐、鸡粉、料酒，炒匀，倒入水淀粉，将炒好的菜盛出，装入盘中即可。

干贝芥菜

● 难易度：★★☆

● 烹饪时间：6分钟 ● 功效：开胃消食

原料：芥菜700克，水发干贝15克，干辣椒5克

调料：盐、鸡粉各1克，食粉、食用油适量

●•• 做法 •••

1 干辣椒切丝；锅中注水烧开，加食粉、芥菜，煮至断生，捞出，去掉叶子，放在砧板上，对半切开。

2 油起锅，放干辣椒，炸约2分钟捞出，加清水、干贝、芥菜、盐、鸡粉，焯熟。

3 捞出煮好的食材，淋芥菜上即可。

菠菜炒香菇

● 难易度：★★☆

● 烹饪时间：3分钟 ● 功效：降低血压

原料：菠菜150克，鲜香菇45克，姜末、蒜末、葱花各少许

调料：盐、鸡粉各2克，料酒4毫升，橄榄油适量

●•• 做法 •••

1 洗好的香菇去蒂，切丝；洗净的菠菜去根部，切成长段，待用。

2 锅置火上，淋入橄榄油，倒入蒜末、姜末、香菇、料酒、菠菜，用大火炒至变软。

3 加入适量盐、鸡粉，炒匀调味，关火后盛出炒好的菜肴即可。

春笋仔鲍炖土鸡

- 难易度：★★☆
- 烹饪时间：62分钟 ● 功效：养心润肺

原料：土鸡块300克，竹笋160克，鲍鱼肉60克，姜片、葱段各少许

调料：盐、鸡粉、胡椒粉各2克，料酒14毫升

做法

1 竹笋、鲍鱼肉切片。

2 锅中加清水、竹笋、料酒，煮至断生捞出，锅中放鲍鱼、土鸡块、料酒，汆去血水捞出。

3 砂锅中加清水，放姜片、葱段、鸡块、鲍鱼、竹笋、料酒、盐、鸡粉、胡椒粉，煮至食材入味。

彩椒拌腐竹

- 难易度：★☆☆
- 烹饪时间：3分钟 ● 功效：清理肠道

原料：水发腐竹200克，彩椒70克，蒜末、葱花各少许

调料：盐3克，生抽2毫升，鸡粉2克，芝麻油2毫升，辣椒油3毫升，食用油适量

做法

1 洗净的彩椒切丝，备用。

2 锅中加清水、食用油、盐、腐竹、彩椒，煮至熟透，捞出。

3 放入蒜末、葱花、盐、生抽、鸡粉、芝麻油，用筷子搅拌匀，淋入辣椒油，拌匀至食材入味，盛出。

原料：虾仁、青椒、姜片、葱段、蚝油、海鲜酱各适量

调料：盐、白糖、胡椒粉、料酒、水淀粉、食用油各适量

●● 做法 ●●

1 将洗净的青椒去籽，切片。

2 虾仁装碗中，加入盐、胡椒粉，拌匀，腌渍约15分钟。

3 用油起锅，撒上姜片，爆香。

4 倒入虾仁，炒至淡红色。

5 放入青椒片，倒入蚝油、海鲜酱。

6 炒匀，加入白糖、料酒、葱段，炒匀，用水淀粉勾芡，盛出炒好的菜肴，装入盘中即可。

酱爆虾仁

● 烹饪时间：3分钟 ● 难易度：★★☆ ● 功效：开胃消食

\ tips /

腌渍虾仁时可淋入适量水淀粉，能使其口感更鲜嫩。

红薯莲子银耳汤

难易度：★★☆

烹饪时间：47分钟

功效：开胃消食

①

②

③

④

原料：红薯130克，水发莲子150克，水发银耳200克

调料：白糖适量

★ tips

煮银耳的时间可长一些，这样口感会更爽滑。

 做法

1 将洗好的银耳切去根部，撕成小朵；去皮洗净的红薯切丁。

2 砂锅中注入清水烧开，倒入洗净的莲子，放入银耳。

3 煮约30分钟，至食材变软，倒入红薯丁，拌匀，续煮约15分钟，至食材熟透。

4 加入白糖，拌匀，煮至溶化，盛出煮好的银耳汤，装在碗中即可。

牛奶芝麻豆浆

● 难易度：★☆☆
● 烹饪时间：17分钟　● 功效：美容养颜

原料：水发黄豆60克，黑芝麻10克，牛奶80毫升

● ● 做法 ● ●

1 将已浸泡的黄豆倒入碗中，加清水，洗净，倒入滤网，沥干水分。
2 把黄豆、芝麻、牛奶倒入豆浆机中，注入清水至水位线。
3 选择"五谷"程序，选择"开始"键，开始打浆，约15分钟后，即成豆浆，断电，取下机头，把煮好的豆浆倒入滤网，滤取豆浆，将豆浆倒入碗中，放凉后即可饮用。

百香果蜜梨海鲜沙拉

● 难易度：★★☆
● 烹饪时间：15分钟　● 功效：开胃消食

原料：百香果50克，雪梨100克，西红柿100克，黄瓜80克，芦笋50克，虾仁15克
调料：蜂蜜少许，橄榄油适量

● ● 做法 ● ●

1 雪梨去核，切块；黄瓜去籽，切片；西红柿切片；芦笋切条；虾仁去除虾线；百香果切开，取籽。
2 取碗，加百香果、蜂蜜、橄榄油，拌匀；锅中加清水、橄榄油、芦笋，煮片刻，捞出，再放虾仁，煮片刻捞出。
3 取盘，放入西红柿、芦笋、黄瓜、虾仁、雪梨，浇上沙拉酱即可。

母亲节——当了妈妈的老婆更美丽

　　母亲节是一个感谢母亲的节日。这个节日最早出现在古希腊；而现代的母亲节起源于美国，是每年5月的第二个星期日。母亲们在这一天通常会收到礼物，康乃馨被视为献给母亲的花，而中国的母亲花是萱草花，又叫忘忧草。

　　对于已经生为人父的男性在母亲节这天，当然必须犒劳一下曾经在生儿育女时期付出太多、辛苦万分的老婆。许多女性分娩之后因为调理不当，常年气血不足、冬天手脚冰冷，处于亚健康状态。其实，自然界中的很多食物如乌鸡、黑芝麻、龙眼、桑葚子、枸杞等都能带来意想不到的调理效果，妈妈们尤其需要由内而外的滋养，爱家人的同时，用食疗来补气补血给自己一个关爱，定会让你的生活变得更加多姿多彩。

蒸冬瓜肉卷

● 难易度：★★☆

● 烹饪时间：12分钟　● 功效：开胃消食

原料：冬瓜400克，水发木耳90克，午餐肉200克，胡萝卜200克，葱花少许

调料：鸡粉2克，水淀粉4毫升，芝麻油、盐各适量

・・ 做法 ・・

1 木耳、胡萝卜、肉切丝；冬瓜切片。

2 锅中注入清水，放冬瓜片，搅匀，煮至断生，捞出，沥干水分。

3 冬瓜片铺盘中，放午餐肉、木耳、胡萝卜；蒸锅上，放冬瓜卷，蒸熟；热锅注水，放盐、鸡粉、水淀粉、芝麻油，拌熟，淋冬瓜卷、葱花即可。

参杞烧海参

● 难易度：★★☆

● 烹饪时间：2分钟 ● 功效：美容养颜

原料：水发海参130克，上海青45克，竹笋40克，枸杞、党参、姜片、葱段各少许

调料：盐、鸡粉、蚝油、生抽、料酒、水淀粉、食用油各适量

· · 做法 · ·

1 竹笋切薄片；上海青对半切开；海参切成片。

2 锅中注水烧开，加入食用油、盐，倒入上海青，煮至断生，捞出；倒入海参、竹笋、料酒、鸡粉，煮熟捞出。

3 用油起锅，倒入姜、葱爆香；放入党参、海参、竹笋炒匀，加料酒、清水、枸杞、盐、鸡粉、蚝油、生抽、水淀粉炒入味；将上海青和海参装盘即可。

山楂豆腐

● 难易度：★★☆

● 烹饪时间：4分钟 ● 功效：开胃消食

原料：豆腐350克，山楂糕95克，姜末、蒜末、葱花各少许

调料：盐2克，鸡粉2克，老抽2毫升，生抽3毫升，陈醋6毫升，白糖3克，水淀粉、食用油各适量

· · 做法 · ·

1 将山楂糕切块，豆腐切块。

2 热锅注油，放入豆腐、山楂糕，炸干水分，捞出。

3 锅底留油，放姜末、蒜末、清水、生抽、鸡粉、盐、陈醋、白糖、食材、老抽、水淀粉、食用油，炒熟。

山药酱焖鸭

● 难易度：★★☆

● 烹饪时间：48分钟　● 功效：保肝护肾

原料：鸭肉块400克，山药250克，黄豆酱20克，姜片、葱段、桂皮、八角各少许，绍兴黄酒70毫升

调料：盐、鸡粉各2克，白糖少许，水淀粉、食用油各适量

· · 做法 · ·

1 山药切滚刀块；锅中注入清水，倒入鸭肉块，氽去血渍，捞出。

2 油起锅，加八角、桂皮、姜片、鸭肉块、黄豆酱、生抽、黄酒、清水，盐。

3 加山药、鸡粉、白糖、葱段、水淀粉，炒熟，盛出焖好的菜肴。

银丝鲫鱼

● 难易度：★★☆

● 烹饪时间：14分钟　● 功效：健脾止泻

原料：鲫鱼800克，去皮白萝卜200克，红彩椒20克，姜丝、葱段各少许

调料：盐3克，鸡粉、胡椒粉各1克，料酒15毫升，食用油适量

· · 做法 · ·

1 白萝卜切丝；红彩椒切丝；鲫鱼两面鱼身上划几道一字花刀，往两面鱼身上撒入盐、料酒。

2 热锅注油，放入鲫鱼、姜丝、料酒、清水、白萝卜丝，煮1至熟软。

3 加红彩椒、盐、鸡粉、胡椒粉、葱段，盛出煮好的食材，放香菜即可。

干贝咸蛋黄蒸丝瓜

● 难易度：★★☆

● 烹饪时间：22分钟 ● 功效：开胃消食

原料：丝瓜、水发干贝、蜜枣、咸蛋黄、葱花各少许

调料：生抽、水淀粉、芝麻油各适量

tips

泡发好的干贝可以压碎再烹制，更易熟，口感会更好。

· ·（做法）· ·

1 洗净去皮的丝瓜切成段儿，用大号V型戳刀挖去瓜瓤；备好的咸蛋黄对半却开；丝瓜段放入蒸盘，每块丝瓜段中放入一块咸蛋黄。

2 蒸锅注水烧开，放入蒸盘，蒸20分钟至熟。

3 热锅注水烧热，放入蜜枣、干贝。

4 淋入生抽、水淀粉，搅匀，放入芝麻油，搅匀，将调好的芡汁浇在丝瓜上，撒上葱花即可。

原料：板面、秋葵、龙须菜、红椒片、鸡蛋、猪骨高汤各适量
调料：盐、鸡粉各2克，生抽4毫升

妈妈面

难易度：★★
烹饪时间：8分钟
功效：开胃消食

做法

1 秋葵用斜刀切片，龙须菜切段。

2 锅中加清水、鸡蛋，煮成荷包蛋，盛出，放凉后对半切开。

3 锅中注入清水，放入板面，煮至熟透，捞出，沥干水分。

4 沸水锅中再倒入秋葵、龙须菜，拌匀，捞出，沥干水分，取碗，放入面条、秋葵、龙须菜、荷包蛋，摆好。

5 锅置火上烧热，倒入猪骨高汤，

6 加盐、鸡粉、生抽、红椒片，盛出汤料，淋在面条上即成。

\ tips /

鸡粉不宜放太多，以免盖
住了汤汁的鲜味。

橘子香蕉水果沙拉

● 难易度：★☆☆

● 烹饪时间：4分钟　● 功效：美容养颜

原料：去皮香蕉200克，去皮火龙果200克，橘子瓣80克，石榴籽40克，柠檬15克，去皮梨子100克，去皮苹果80克，沙拉酱10克

•••（做法）•••

1 香蕉切丁；火龙果、苹果切块；梨子去内核，切块。

2 取碗，放梨子、苹果、香蕉、火龙果、石榴籽、柠檬汁，搅拌均匀。

3 取一盘，摆放上橘子瓣，倒入拌好的水果，挤上沙拉酱即可。

草莓牛奶羹

● 难易度：★☆☆

● 烹饪时间：2分钟　● 功效：开胃消食

原料：草莓60克，牛奶120毫升

•••（做法）•••

1 将洗净的草莓去蒂，切丁备用。

2 取榨汁机，选择搅拌刀座组合，将切好的草莓倒入搅拌杯中，放入适量牛奶。

3 注入适量温开水，盖上盖，选择"榨汁"功能，榨取果汁，断电后倒出汁液，装入碗中即可。

端午节——除了粽子还有拿手好菜

农历五月初五端午节，是我国最大的传统节日之一。端午亦称端五，"端"的意思和"初"相同，称"端五"也就如称"初五"；端五的"五"字又与"午"相通，按地支顺序推算，五月正是"午"月。又因午时为"阳辰"，所以端五也叫"端阳"。五月五日，月、日都是五，故称重五，也称重午。

端午节的习俗主要有：吃粽子、门上插艾或菖蒲驱邪，系长命缕，饮雄黄酒或以之消毒，赛龙舟等等。粽子又叫"角黍"、"筒粽"，前者是由于形状有棱角、内裹粘米而得名，后者顾名思义大概是用竹筒盛米煮成。端午节吃粽子，再配上老公准备的拿手好菜，节日的喜庆加上老公的暖心，相信老婆心里美滋滋。

据中医养生小常识介绍，雄黄味苦、性温、微辛、有毒，既可以外搽又可以内服。其中，最特别的是，雄黄虽可泡酒喝，但由于雄黄有腐蚀之力，所以一定要遵医嘱。

红烧牛肉

● 难易度：★★★

● 烹饪时间：8分钟　● 功效：开胃消食

原料：牛肉、冰糖、干辣椒、花椒、八角、葱段、姜片、蒜末各少许

调料：食粉、盐、鸡粉、生抽、水淀粉、陈醋、料酒、豆瓣酱、食用油各适量

• •（做法）• •

1 牛肉切片装碗，放入食粉、盐、鸡粉、生抽、水淀粉、食用油腌渍；牛肉片汆水捞出。

2 牛肉片下油锅滑油，捞出；锅底留油烧热，放入姜片、蒜末、干辣椒、花椒、八角、桂皮、冰糖爆香；倒入牛肉，加料酒、生抽、豆瓣酱、陈醋、盐、鸡粉炒匀。

3 注入清水煮沸，焖至熟，转大火收汁；倒入水淀粉，炒至入味，盛出撒上葱段即可。

杂酱莴笋丝

● 难易度：★★☆
● 烹饪时间：4分钟 ● 功效：开胃消食

原料：莴笋、肉末、水发香菇、熟蛋黄、姜片、蒜末、葱段各少许

调料：盐3克，鸡粉少许，料酒3毫升，生抽4毫升，食用油适量

● ● 做法 ● ●

1 香菇切丁，莴笋切丝。
2 煎锅置火上，加食用油、肉末、料酒、姜片、蒜末、葱段、香菇丁、清水、生抽、盐、鸡粉，制成酱菜。
3 油起锅，加莴笋丝、盐、鸡粉，炒至食材入味，盛出装在盘中，再盛入炒熟的酱菜，点缀上熟蛋黄即成。

苦瓜玉米蛋盅

● 难易度：★★★
● 烹饪时间：12分钟 ● 功效：清热解毒

原料：苦瓜250克，玉米100克，鸡蛋粒80克，水发粉丝150克，胡萝卜片50克

调料：盐、生抽、白糖、鸡粉、蚝油、水淀粉、芝麻油、食用油各适量

● ● 做法 ● ●

1 粉丝切碎；苦瓜切段，挖去瓤；鸡蛋打碗中，加盐拌匀；锅中放清水、玉米粒、苦瓜，汆煮去苦味，捞出。
2 蒸锅上，放苦瓜盅，蒸熟，浇蛋液，加盐、生抽、清水、白糖、鸡粉、蚝油、水淀粉，制成酱汁，热锅注油，加酱汁、芝麻油，酱汁浇苦瓜盅上即可。

西红柿炒口蘑

● 难易度：★★☆

● 烹饪时间：2分钟　● 功效：开胃消食

原料：西红柿120克，口蘑90克，姜片、蒜末、葱段各适量

调料：盐4克，鸡粉2克，水淀粉、食用油各适量

•••（做法）•••

1 将洗净的口蘑切成片；洗好的西红柿去蒂，切块。

2 锅中注水烧开，放入2克盐，倒入切好的口蘑，煮1分钟至熟，捞出。

3 用油起锅，放入姜片、蒜末、口蘑、西红柿、盐、鸡粉、水淀粉，炒匀，盛出装盘，放上葱段即可。

醋香芹菜蜇皮

● 难易度：★☆☆

● 烹饪时间：2分钟　● 功效：清热解毒

原料：海蜇皮250克，芹菜150克，香菜、蒜末各少许

调料：生抽、陈醋、辣椒油、白糖、芝麻油、盐、食用油各适量

•••（做法）•••

1 芹菜切段；锅中加水、海蜇皮，煮至断生，捞出。

2.沸水中加盐、食用油、芹菜，焯煮片刻，捞出，沥干水分。

3 取碗，加海蜇皮、蒜末、生抽、陈醋、白糖、芝麻油、辣椒油、香菜，将拌好的海蜇皮倒在芹菜上即可。

原料：冬瓜、水发花菇、瘦肉、虾米、姜片各少许
调料：盐1克

•• 做法 ••

1 洗净的冬瓜切块，洗好的瘦肉切大块，洗好的花菇去柄。

2 沸水锅中倒入瘦肉，汆煮一会儿，去除血水及脏污，捞出。

3 再往锅中倒入花菇，汆煮一会儿至断生，捞出。

4 砂锅注水，倒入瘦肉。

5 放入花菇。

6 加入冬瓜块、虾米、姜片，拌匀，续煮2小时至入味，加入盐，拌匀，盛出煮好的汤，装碗即可。

● 难易度：★★☆
● 烹饪时间：122分钟
● 功效：开胃消食

虾米冬瓜花菇瘦肉汤

★ \ tips /

汤煮好后可加入少许胡椒粉，更能促进食欲。

杂蔬丸子

● 难易度：★★☆
● 烹饪时间：15分钟
● 功效：开胃消食

原料：土豆150克，胡萝卜70克，香菇30克，芹菜20克，玉米粒120克

调料：盐2克，鸡粉2克，生粉适量，芝麻油少许

tips

蒸的时间可根据丸子的大小来调整。

●● 做法 ●●

1 土豆切小块，芹菜切碎，胡萝卜切粒。

2 锅中注入清水，加胡萝卜、香菇、盐，煮至断生，捞出，沸水锅中倒入玉米粒，煮约1分钟至断生。捞出，沥干。

3 蒸锅上，放土豆片，蒸约10分钟，取出，压成泥，装大碗，放胡萝卜、香菇、芹菜、盐、鸡粉、芝麻油、生粉，做成数个小丸子，粘裹上玉米粒。

4 蒸锅上，放入土豆丸子，蒸熟，取出蒸好的食材即可。

藕片花菜沙拉

● 难易度：★☆☆

● 烹饪时间：1分钟　● 功效：养心润肺

原料：花菜60克，莲藕70克

调料：白糖2克，白醋5毫升，盐、沙拉酱少许

• • 做法 • •

1 藕切薄片，花菜切成小朵。

2 锅中加清水、藕片、花菜，煮至断生，捞出，冷却后捞出食材。

3 将食材装入碗中，放盐、白糖、白醋，拌匀，将拌好的菜装入盘中，挤上沙拉酱，放圣女果装饰即可食用。

陈皮绿豆沙

● 难易度：★☆☆

● 烹饪时间：122分钟　● 功效：清热解毒

原料：水发陈皮5克，水发绿豆300克

调料：冰糖适量

• • 做法 • •

1 泡好的陈皮切瓣，再切丝，备用。

2 砂锅中注入适量清水，倒入备好的绿豆、陈皮，大火煮开后转小火续煮2小时至食材熟软。

3 捞出豆皮，加入冰糖，煮至溶化，关火后盛出煮好的绿豆沙，装入碗中，待稍微放凉后即可食用。

119

七夕节——贴心好老公赛过牛郎

　　每年农历七月初七这一天是我国汉族的传统节日七夕节。因为此日活动的主要参与者是少女，而节日活动的内容又是以乞巧为主，故而人们称这天为"乞巧节"或"少女节"、"女儿节"。七夕节是我国传统节日中最具浪漫色彩的一个节日，也是过去姑娘们最为重视的日子。在这一天晚上，妇女们穿针乞巧，祈祷福禄寿活动，礼拜七姐，仪式虔诚而隆重，陈列花果、女红，各式家具、用具都精美小巧、惹人喜爱。

　　七夕节正值立秋时节，天气渐渐转凉，人们往往会出现不同程度的口、鼻、皮肤等部位的干燥感，故男士应为老婆准备一些具有生津养阴滋润多汁的食品，少吃辛辣、煎炸食品；

　　秋季宜食清润甘酸和寒凉的食物，寒凉能清热，甘味食物的性质滋腻，有和中、补益作用，酸味食物有收敛、生津、止渴等作用；肺与秋气的关系密切，女性应多吃有润肺生津作用的食品，如百合、莲子、山药、番茄等等。

番茄酱烧鱼块

● 难易度：★★☆

● 烹饪时间：4分钟　● 功效：开胃消食

原料：鳙鱼肉300克，番茄酱30克，生粉50克，葱段、姜片各少许

调料：盐3克，白糖3克，白醋4毫升，料酒3毫升，水淀粉5毫升，食用油适量

· · (做法) · · ·

1 将鳙鱼肉切小块。

2 把鱼块装入碗中，放入盐、料酒、生粉，拌匀。

3 热锅注油，放鱼块，炸至金黄色。

4 油起锅，放姜片、番茄酱，爆香，加清水、白糖、白醋、盐、水淀粉、葱段、鱼块，炒熟，盛出装盘即可。

卤凤双拼

● 难易度：★★☆
● 烹饪时间：17分钟 ● 功效：美容养颜

原料：鸡爪160克，鸡翅180克，葱段、姜片、桂皮、八角各少许，卤水汁20毫升
调料：盐3克，老抽3毫升，料酒5毫升，食用油适量

●•• 做法 •••

1 锅中加清水、鸡翅、鸡爪，余煮2分钟，去除血渍后捞出。
2 油起锅，放八角、桂皮、葱段、姜片、卤水汁、清水，略煮。
3 加老抽、盐、料酒、材料，卤至食材入味，夹出卤好的菜肴，摆放在盘中，稍稍冷却后食用即可。

山药肚片

● 难易度：★★☆
● 烹饪时间：2分钟 ● 功效：开胃消食

原料：山药、熟猪肚、青椒、红椒、姜片、蒜末、葱段各少许
调料：盐、鸡粉各2克，料酒4毫升，生抽5毫升、水淀粉、食用油各适量

●•• 做法 •••

1 山药切片，青椒去籽切块，红椒切块，熟猪肚切片。
2 锅中注入清水，加食用油、山药片、青椒、红椒，煮1分钟，捞出。
3 油起锅，放姜片、蒜末、葱段、食材、猪肚、料酒、生抽、盐、鸡粉、水淀粉，炒至熟软，放盘中即成。

121

糖醋芝麻藕片

● 难易度：★★☆

● 烹饪时间：4分钟　● 功效：益气补血

原料：去皮莲藕300克，熟芝麻20克
调料：盐、白糖各2克，白醋5毫升

• • 做法 • •

1 洗净的莲藕切片，取一碗，放入莲藕，加盐、清水，拌匀，浸泡片刻。
2 锅中注入清水烧开，倒入莲藕片、白醋，焯煮2分钟至熟，捞出待用。
3 碗中加入盐、白糖、白醋，均匀，将莲藕片整齐地摆放在备好的盘子中，撒上芝麻即可。

银耳白果无花果瘦肉汤

● 难易度：★★☆

● 烹饪时间：182分钟　● 功效：增强免疫

原料：瘦肉、水发银耳、无花果、白果、杏仁、水发去心莲子、淮山、水发香菇、薏米、枸杞、姜片各少许
调料：盐2克

• • 做法 • •

1 瘦肉切块，锅中加清水、瘦肉，汆煮片刻，捞出。
2 砂锅中加清水、全部原料，拌匀。
3 煮3小时至析出有效成分，加入盐，搅拌片刻至入味，盛出煮好的汤，装入碗中即可。

紫苏肉末蒸茄子

难易度：★★☆

烹饪时间：15分钟

功效：开胃消食

①

②

③

④

原料：茄子260克，肉末60克，紫苏叶25克，蒜末少许

调料：盐、鸡粉、生抽、老抽、芝麻油、水淀粉、食用油各适量

tips

芡汁浓稠应适中，这样菜肴入口才爽滑。

•• 做法 ••

1 茄子切厚片，把茄子装入盘中，放好，洗净的紫苏叶切碎。

2 油起锅，加肉末、蒜末，炒香。

3 放生抽、清水、盐、鸡粉、紫苏叶，炒匀，将炒好的紫苏肉末盛出，铺放在茄子片上，放入蒸锅，把蒸好的茄子取出。

4 锅中注入清水，放入生抽、老抽、盐、鸡粉，调匀，煮沸，放入水淀粉勾芡，加入芝麻油，调匀，制成芡汁，将芡汁浇在茄子上。

薄荷鸭汤

难易度：★★☆

烹饪时间：48分钟 ● 功效：开胃消食

原料：鸭肉350克，玉竹2克，百合15克，薄荷叶、姜片各少许
调料：盐2克，鸡粉3克，料酒适量

·· 做法 ··

1 锅中加入清水、鸭肉块、料酒，汆去血水，捞出。

2 油起锅，放鸭肉、姜片、料酒，炒匀，盛出鸭肉，装入盘中。

3 砂锅置于火上，放入玉竹、鸭肉。

4 加入清水、料酒，拌匀，煮30分钟。

5 放入百合、薄荷叶，续煮15分钟至食材熟透。

6 揭盖，放入盐、鸡粉，拌匀，盛出煮好的汤料，装碗中即可。

tips
若没有新鲜的薄荷叶可选
用干薄荷，要减少用量。

莲子糯米糕

● 难易度：★★☆

● 烹饪时间：58分钟　● 功效：健脾止泻

原料：水发糯米270克，水发莲子150克，清水适量

调料：白糖适量

・・（做法）・・

1 锅中注入清水烧热，倒入莲子，煮约25分钟，捞出，碾碎成粉末状。

2 加糯米、清水，转蒸盘中，铺开。

3 蒸锅上，放入蒸盘，大火蒸约30分钟，至食材熟透，取出放凉，盛入模具中，修好形状，再摆放在盘中，脱去模具，食用时撒上少许白糖即可。

小麦核桃红枣豆浆

● 难易度：★★☆

● 烹饪时间：21分钟　● 功效：增强免疫

原料：水发黄豆50克，水发小麦30克，红枣、核桃仁各适量

・・（做法）・・

1 红枣去核，切块，黄豆、小麦倒入碗中，加清水，洗净，倒入滤网，沥干水分。

2 将核桃仁、黄豆、小米、红枣倒入豆浆机中，注入清水至水位线，选择"五谷"程序。运转约20分钟，即成豆浆。

3 把煮好的豆浆倒入滤网，滤取豆浆，将滤好的豆浆倒入杯中即可。

中秋节——一桌好饭月圆人更圆

中秋之夜，月色皎洁，古人把圆月视为团圆的象征，民间多于此夜合家团聚，故又称团圆节。在中秋节，我国自古就有赏月的习俗，在唐代，中秋赏月、玩月颇为盛行。在宋代，中秋赏月之风更盛。明清以后，中秋节赏月风俗依旧，许多地方形成了烧斗香、树中秋、点塔灯、放天灯、走月亮、舞火龙等特殊风俗。吃月饼是中秋节必不可少的饮食文化，与中秋赏月紧密结合在一起，寓意家人团圆的象征。

中秋佳节适宜多食酸味甘润的果蔬，以润肺生津、养阴清燥。饮食应以温、淡、鲜为佳，如藕、鸭肉、秋梨、柿子、甘蔗、黑木耳、百合、银耳、芝麻、核桃、糯米、蜂蜜、乳品等。尽量少食葱、姜等辛味之品，寒凉食物如瓜类尽量少食，不吃过冷、过辣、过黏的食物。男士可为老婆准备如海米炝竹笋、木耳粥、糯米藕、栗子鸡、蟹肉丸子食用。

梅干菜卤肉

● 难易度：★★☆

● 烹饪时间：53分钟　● 功效：开胃消食

原料：五花肉250克，梅干菜150克，八角2个，桂皮10克，卤汁15毫升，姜片少许

调料：盐、鸡粉各1克，生抽、老抽各5毫升，冰糖适量，食用油适量

做法

1 洗好的五花肉切块，梅干菜切段。
2 锅中倒入五花肉，去除血水，捞出。
3 锅注油，加冰糖、清水、八角、桂皮。
4 加姜片、五花肉、老抽、卤汁、生抽、盐、梅干菜、清水、鸡粉，拌匀，摆上香菜点缀即可。

排骨酱焖藕

● 难易度：★★☆

● 烹饪时间：42分钟　● 功效：增强免疫

原料：莲藕300克，排骨580克，干辣椒10克，八角、桂皮、姜片、葱段各少许

调料：料酒6毫升，生抽5毫升，盐3克，鸡粉2克，水淀粉4毫升，食用油适量

● ● 做法 ● ●

1 莲藕切块，锅中加水、排骨，汆煮片刻，捞出。

2 热锅注油，放干辣椒、八角、桂皮、姜片、排骨、料酒、生抽、莲藕、清水、盐，炒片刻。

3 加鸡粉、水淀粉、葱段，炒香，将炒好的排骨盛出装入盘中即可。

西芹木耳炒虾仁

● 难易度：★★☆

● 烹饪时间：1分钟　● 功效：润肠通便

原料：西芹75克，木耳40克，虾仁50克，胡萝卜片、姜片、蒜末、葱段各少许

调料：盐3克，鸡粉2克，料酒4毫升，水淀粉、食用油各适量

● ● 做法 ● ●

1 西芹切段；木耳切块；虾仁去虾线，装碗中，加盐、鸡粉、水淀粉、食用油。

2 锅中加清水、盐、食用油、木耳、西芹，煮至断生后捞出。

3 油起锅，放胡萝卜片、姜片、蒜末、虾仁、料酒，木耳、西芹、盐、鸡粉、水淀粉、葱段，炒熟。

肉末烧蟹味菇

- 难易度：★★☆
- 烹饪时间：4分钟 ● 功效：开胃消食

原料：蟹味菇250克，肉末150克，豌豆80克，蒜末、葱段各少许

调料：盐、鸡粉、蚝油、料酒、生抽、水淀粉、食用油各适量

做法

1 蟹味菇切去根部，锅中加豌豆，煮至断生，锅中放蟹味菇，煮至断生，

2 另起锅注油，加肉末、蒜末、葱段、豌豆、料酒、蟹味菇、蚝油、生抽、盐、鸡粉、清水，炒熟。

3 加入水淀粉勾芡，翻炒至收汁，关火后盛出菜肴，装盘即可。

素蟹粉

- 难易度：★★☆
- 烹饪时间：3分钟 ● 功效：增强免疫

原料：胡萝卜、水发香菇、紫甘蓝、笋片、鸡蛋、土豆、姜末各少许

调料：盐、鸡粉、料酒、陈醋、食用油

做法

1 土豆切滚刀块，胡萝卜切丁，笋片、香菇切丝，紫甘蓝剪成圆形。

2 蒸锅上，放土豆块、胡萝卜块，蒸熟，碾成泥，锅中加清水、笋丝、香菇丝，煮断生，沥干水分。

3 加蔬菜泥、食材、姜末、料酒、盐、鸡粉、陈醋。鸡蛋，油起锅，倒入材料、紫甘蓝，丸子放上面即可。

原料：鸡块170克，红枣50克，枸杞10克，玉米块70克，板栗仁85克
调料：盐、鸡粉各2克

•• 做法 ••

1 将水壶放在电解养生壶座上，壶中注入清水，至水位线处，倒入鸡块、玉米块、板栗仁、枸杞、红枣，拌匀。

2 接上插座，选择"煲汤"功能，煮约90分钟至食材熟软。

3 加入盐、鸡粉。

4 搅拌片刻。

5 再盖上壶盖，续煮片刻至入味。

6 打开壶盖，将煮好的汤装入碗中即可。

玉米板栗红枣枸杞鸡

● 难易度：★★☆
● 烹饪时间：92分钟
● 功效：开胃消食

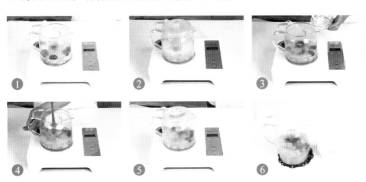

① ② ③
④ ⑤ ⑥

★ \ tips /

鸡肉要提前汆煮片刻，这样可去除异味。

西湖牛肉羹

● 难易度：★★☆
● 烹饪时间：8分钟　● 功效：增强免疫

原料：花蟹100克，牛肉150克，水发香菇15克，香菜少许，鸡蛋清适量
调料：盐2克，水淀粉适量

● ● 做法 ● ●

1 锅中注入清水，放入花蟹，煮8分钟至熟，捞出，将花蟹去壳，取蟹肉，香菜切末，香菇切丁，牛肉切丁。
2 锅中加清水、牛肉丁，略煮片刻，捞出。
3 锅中注入清水，放入牛肉、香菇、花蟹肉、盐、水淀粉，蛋清放碗中，将煮好的食材盛碗中，放香菜即可。

紫薯桂圆小米粥

● 难易度：★★☆
● 烹饪时间：51分钟　● 功效：美容养颜

原料：紫薯200克，桂圆肉30克，水发小米150克

● ● 做法 ● ●

1 将洗好去皮的紫薯切丁，备用。
2 砂锅中注入清水烧开，倒入洗净的小米、桂圆肉，拌匀。
3 小火煮约30分钟，放入紫薯，拌匀，用小火续煮20分钟至食材熟透，轻轻搅拌片刻，关火后盛出煮好的粥，装入碗中即可。

百合蒸南瓜

- 难易度：★★☆
- 烹饪时间：26分钟
- 功效：开胃消食

原料：南瓜200克，鲜百合70克，冰糖30克

调料：水淀粉4毫升，食用油适量

tips

南瓜的瓤会更香甜糯软，可以去籽留瓤；而有瓤则会发苦，则要去掉才可做菜肴。

做法

1 洗净去皮的南瓜切块，整齐摆入盘中。
2 在南瓜上摆上冰糖、百合，蒸锅注水烧开，放入南瓜盘。
3 蒸25分钟至熟软，掀开锅盖，将南瓜取出。
4 另取锅，加入糖水、水淀粉、食用油，调成芡汁，将调好的糖汁浇在南瓜上即可。

重阳节——执子之手，更有美味相随

金秋送爽，丹桂飘香，农历九月初九的重阳佳节，活动丰富，情趣盎然，有登高、赏菊、喝菊花酒、吃重阳糕、插茱萸等等。据史料记载，重阳糕又称花糕、菊糕、五色糕，制无定法，较为随意。九月九日天明时，以片糕搭儿女头额，口中念念有词，祝愿子女百事俱高，乃古人九月作糕的本意。

重阳节此时养生的重点是养阴防燥、润肺益胃，同时要注意剧烈运动、过度劳累等，以免耗散精气津液。宜多食些甘、淡、滋润的食品，可健胃养肺润肠，同时要注意补充水分。这类食物包括萝卜、西红柿、莲藕、胡萝卜、冬瓜、山药、雪梨、香蕉、哈密瓜、苹果、水柿、提子、鸭肉、牛肉、豆类、海带、紫菜、芝麻、核桃、银耳、牛奶、鱼、虾等。忌吃或少吃辛辣刺激、香燥、熏烤等类食品，如辣椒、生姜、葱、蒜类，因为过食辛辣宜伤人体阴精。

南瓜炒牛肉

● 难易度：★★☆

● 烹饪时间：2分钟　● 功效：开胃消食

原料：牛肉175克，南瓜150克，青椒、红椒各少许

调料：盐3克，鸡粉2克，料酒10毫升，生抽4毫升，水淀粉、食用油各适量

· · 做法 · ·

1 南瓜切片，青椒切条形，红椒切条形，牛肉切片。

2 牛肉装碗中，加盐、料酒、生抽、水淀粉、食用油，拌匀；锅中加清水、南瓜、放青椒、红椒、食用油，捞出。

3 油起锅，加牛肉、料酒、材料、盐、鸡粉、水淀粉，炒熟，盛出。

海带冬瓜烧排骨

● 难易度：★★☆

● 烹饪时间：22分钟　● 功效：利水消肿

原料：海带、排骨、冬瓜、八角、花椒、姜片、蒜末、葱段各少许

调料：料酒、生抽、白糖、水淀粉、芝麻油、盐、食用油各适量

· · 做法 · · ·

1 冬瓜、海带切块，锅中加清水、排骨，煮沸，捞出。

2 油起锅，放八角、姜片、蒜末、葱段、排骨、花椒、料酒、生抽、清水，焖15分钟。

3 加冬瓜、海带、盐、白糖、水淀粉、芝麻油，炒熟，盛出即可。

菊花鱼片

● 难易度：★☆☆

● 烹饪时间：3分钟　● 功效：开胃消食

原料：草鱼肉500克，莴笋200克，高汤200毫升，姜片、葱段、菊花各少许

调料：盐4克，鸡粉3克，水淀粉4毫升，食用油适量

· · 做法 · · ·

1 莴笋切薄片，草鱼肉切双飞鱼片，取碗，放鱼片、盐、水淀粉，拌匀。

2 热锅中注油，加姜片、葱段、清水、高汤、莴笋片，煮至断生。

3 加入盐、鸡粉、鱼片、菊花，煮至鱼肉熟透，关火将煮好的鱼肉盛出装入碗中即可。

橄榄白萝卜排骨汤

- 难易度：★★☆
- 烹饪时间：25分钟 ● 功效：养心润肺

原料：排骨段300克，白萝卜300克，青橄榄25克，姜片、葱花各少许

调料：盐2克，鸡粉2克，料酒适量

● ● 做法 ● ●

1 白萝卜切块，锅中加清水、排骨段，汆去血水，捞出。

2 砂锅中加清水、排骨、青橄榄、姜片、料酒，煮至熟软。

3 放入白萝卜块，煮约20分钟至食材熟透，加入盐、鸡粉，搅拌至食材入味，关火后盛出煮好的汤料，装入汤碗中，撒入葱花即成。

羊肉淡菜粥

- 难易度：★☆☆
- 烹饪时间：61分钟 ● 功效：增强免疫

原料：水发淡菜100克，水发大米200克，羊肉末10克，姜片、葱花各少许

调料：盐2克，鸡粉2克，料酒5毫升

● ● 做法 ● ●

1 砂锅中加清水、大米，煮至熟软。

2 掀开锅盖，倒入淡菜、羊肉、姜片、葱花、料酒，搅匀。

3 盖上锅盖，中火续煮30分钟，掀开锅盖，放入盐、鸡粉，搅拌使食材入味，关火，将煮好的粥盛出装入碗中即可。

难易度：★★☆

烹饪时间：18分钟

功效：开胃消食

黄芪猴头菇鸡汤

原料：鸡肉块600克，黄芪10克，水发猴头菇60克，姜片、葱花各少许

调料：料酒20毫升，盐3克，鸡粉2克

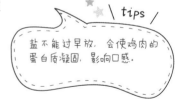

tips

盐不能过早放，会使鸡肉的蛋白质凝固，影响口感。

• • 做法 • •

1 洗好的猴头菇切块。

2 锅中注入清水烧开，倒入洗净的鸡肉块，淋入料酒，煮沸，氽去血水，捞出，沥干水分。

3 砂锅中注入清水烧开，倒入鸡肉块，放入洗净的黄芪，加入姜片、猴头菇，淋入料酒，拌匀，炖1小时，至食材熟透。

4 加入盐、鸡粉，拌匀后略煮片刻至入味，把煮好的汤料盛入碗中，撒上葱花即可。

原料：水发大米150克，山茱萸15克

山茱萸粥

● 难易度：★☆☆

● 烹饪时间：46分钟

● 功效：保肝护肾

 做法

1 砂锅中注入清水烧开。

2 放入洗净的山茱萸。

3 盖上盖，煮沸后用小火煮约15分钟，至药材析出有效成分。

4 揭盖，捞出药材及其杂质，倒入洗净的大米，搅拌匀。

5 续煮约30分钟，至米粒熟透。

6 取下盖，拌煮片刻，盛出煮好的米粥，装入汤碗中，待稍微冷却后即可食用。

tips

将山茱萸用隔渣袋包好后再使用，不仅方便捞出，还能减少杂质。

糙米胡萝卜糕

- 难易度：★☆☆
- 烹饪时间：35分钟 ● 功效：顺气消食

原料：去皮胡萝卜250克，水发糙米300克，糯米粉20克

● ● ● 做法 ● ● ●

1 洗净的胡萝卜切细条。
2 取一碗，倒入胡萝卜条、泡好的糙米，加入糯米粉、清水，拌匀，盛入备好的碗中。
3 蒸锅注水烧开，放入上述拌匀的食材，加盖，大火蒸30分钟至熟透，揭盖，取出蒸好的糙米胡萝卜糕，凉凉，倒扣在盘中，切成三角形，摆放在另一盘中即可。

红枣芋头

- 难易度：★☆☆
- 烹饪时间：12分钟 ● 功效：益气补血

原料：去皮芋头250克，红枣20克
调料：白糖适量

● ● ● 做法 ● ● ●

1 洗净的芋头切片。
2 取一盘，将洗净的红枣摆放在底层中间，盘中依次均匀铺上芋头片，顶端再放入几颗红枣。
3 蒸锅注水烧开，放上摆好食材的盘子，加盖，蒸10分钟至熟透，揭盖，取出芋头及红枣，撒上白糖即可。

感恩节——谢谢老婆默默的陪伴

感恩节是美国和加拿大共有的节日，由美国首创的，原意是为了感谢印第安人，后来人们常在这一天感谢他人。感恩节是在每年11月的第四个星期四。像中国的春节一样，在这一天，成千上万的人们不管多忙，都要和自己的家人团聚。

感恩节的食品极富传统色彩。每逢感恩节，美国和加拿大人必有肥嫩的火鸡可吃。火鸡是感恩节的传统主菜。感恩节前后，天气阴暗，容易导致或复发抑郁症，因此，要选择性地吃一些有助于调节心情的食物。宜多食热粥，热粥不宜太烫，亦不可食用凉粥。要益肾，还可食用如要腰果、山药、白菜、栗子、白果、核桃等食物，而水果首选香蕉。忌食过于麻辣的食物。

在感恩节这一天，男士可为自己心爱的老婆做一顿美食来感谢和犒劳她多年的艰辛和包容，如白菜豆腐汤、羊肉白萝卜汤、葱爆羊肉、酱爆鸡丁、核心桃山药粥。

酱爆大葱羊肉

● 难易度：★★☆

● 烹饪时间：4分钟 　● 功效：保肝护肾

原料：羊肉片130克，大葱段70克，黄豆酱30克

调料：盐、鸡粉、白胡椒粉各1克，生抽、料酒、水淀粉各5毫升，食用油适量

•••【做法】•••

1 羊肉片装碗，加盐、料酒、白胡椒粉、水淀粉、食用油，拌匀。

2 热锅注油，倒入羊肉，炒约1分钟至转色。

3 倒入黄豆酱、大葱，炒出香味。

4 加入鸡粉、生抽，翻炒约1分钟至入味，盛出菜肴，装盘即可。

杨桃炒牛肉

● 难易度：★★☆

● 烹饪时间：2分钟　● 功效：补益气血

原料：牛肉130克，杨桃120克，彩椒50克，姜片、蒜片、葱段各少许

调料：盐、鸡粉、食粉、白糖、蚝油、料酒、生抽、水淀粉、食用油各适量

●·●(做法)●·●

1 彩椒切块，牛肉、杨桃切片，牛肉片装碗中，加生抽、食粉、盐、鸡粉、水淀粉，拌匀。

2 锅中加清水、牛肉，煮至变色后捞出。

3 油起锅，加姜片、蒜片、葱段、牛肉片、料酒、杨桃片、彩椒、生抽、蚝油、盐、鸡粉、白糖、水淀粉，炒熟即可。

腰果炒猪肚

● 难易度：★★☆

● 烹饪时间：4分钟　● 功效：益气补血

原料：熟猪肚丝200克，熟腰果150克，芹菜70克，红椒60克，蒜片、葱段各少许

调料：盐2克，鸡粉3克，芝麻油、料酒各5毫升，水淀粉、食用油各适量

●·●(做法)●·●

1 芹菜切段，红椒去籽，切条。

2 油起锅，加蒜片、葱段、猪肚丝、料酒、清水、红椒丝、芹菜段、盐、鸡粉、水淀粉、芝麻油，炒至入味。

3 盛出炒好的菜肴，装入盘中，加入熟腰果即可。

核桃花生木瓜排骨汤

●难易度：★★☆
●烹饪时间：183分钟　●功效：健脾止泻

原料：核桃仁30克，花生仁30克，红枣25克，排骨块300克，青木瓜150克，姜片少许

调料：盐2克

●● 做法 ●●

1 洗净的木瓜切块。
2 锅中加清水、排骨块，汆煮片刻，沥干水分。
3 砂锅中加清水、排骨块、青木瓜、姜片、红枣、花生仁、核桃仁、盐，煮熟，盛出煮好的汤，装碗中即可。

糯米藕圆子

●难易度：★★☆
●烹饪时间：30分钟　●功效：益气补血

原料：水发糯米220克，肉末55克，莲藕45克，蒜末、姜末各少许

调料：盐2克，白胡椒粉少许，生抽4毫升，料酒6毫升，生粉、芝麻油、食用油各适量

●● 做法 ●●

1 莲藕剁成末。
2 取碗，加肉末、莲藕、蒜末、姜末、盐、白胡椒粉、料酒、生抽、食用油、芝麻油、生粉，制成生坯，放在蒸盘中。
3 蒸至熟透，稍微冷却后食用即可。

原料：鸡腿200克，迷迭香5克

调料：黑胡椒5克，料酒4毫升，生抽4毫升，食用油适量

•• 做法 ••

1 在处理干净的鸡腿上用刀尖戳几个孔。

2 把鸡腿放入碗中，淋入少许料酒、生抽。

3 加入备好的迷迭香、黑胡椒，搅匀，腌渍30分钟至其入味。

4 煎锅中倒入适量食用油烧热，放入鸡腿。

5 略煎一会儿，将鸡腿翻面。

6 撒上黑胡椒，煎出胡椒香，将煎熟的鸡腿盛出装入盘中即可。

迷迭香煎鸡腿

● 难易度：★★☆

● 烹饪时间：5分钟

● 功效：益气补血

\ tips /

煎鸡腿肉时宜用小火，否则容易煎煳。

黄豆白菜炖粉丝

● 难易度：★★☆

● 烹饪时间：8分钟

● 功效：生津止渴

①

原料：熟黄豆、水发粉丝、白菜、姜丝、葱段、清水各适量

调料：盐、鸡粉、生抽、食用油各适量

★ tips

放入粉丝宜转大火，这样食材更易煮熟透，口感也更有韧劲。

②

③

• • 做法 • •

1 将洗净的白菜切粗丝。

2 油起锅，撒上姜丝、葱段、白菜丝、生抽，炒匀。

3 注入清水，煮沸，倒入洗净的黄豆，加入盐、鸡粉，拌匀。

4 煮约5分钟，至食材熟透，倒入洗净的粉丝，煮至熟软，盛出煮好的菜肴，装在碗中即可。

④

山药鸡丝粥

● 难易度：★★☆

● 烹饪时间：52分钟　● 功效. 益气补血

原料：水发大米120克，上海青25克，鸡胸肉65克，山药100克

调料：盐3克，鸡粉2克，料酒3毫升，水淀粉、食用油各适量

･ ･ （做法）･ ･

1 上海青切碎，山药切丁块，鸡胸肉切丝；把鸡肉丝装碗中，加盐、鸡粉、料酒、水淀粉、食用油，拌匀。

2 砂锅中加清水、大米、山药丁，煮至断生。

3 加鸡肉丝、盐、鸡粉、上海青，煮熟，盛出煮好的鸡粥，装碗中即成。

红枣桂圆枸杞茶

● 难易度：★☆☆

● 烹饪时间：21分钟　● 功效：益气补血

原料：红枣25克，桂圆肉20克，枸杞8克

调料：白糖适量

･ ･ （做法）･ ･

1 洗净的红枣切开，去核，再切小块，备用。

2 砂锅中注入清水烧开，放入备好的桂圆肉、枸杞、红枣。

3 盖上盖，小火煮约20分钟，至其营养析出，揭盖，放入白糖，煮至白糖溶化，盛出装入碗中即可。

西红柿炒丝瓜

难易度：★★☆

烹饪时间：3分钟

功效：排毒养颜

原料：西红柿170克，丝瓜120克，姜片、蒜末、葱花各少许

调料：盐2克，鸡粉2克，水淀粉3毫升，食用油适量

tips

烹饪丝瓜时，滴入少许白醋，可以保持其鲜绿的色泽。

• • 做法 • •

1 洗净去皮的丝瓜切小块；洗好的西红柿去蒂，切小块。

2 用油起锅，放入姜片、蒜末、葱花，爆香，倒入丝瓜，炒匀。

3 锅中倒入清水，放入西红柿，炒匀。

4 加入盐、鸡粉、水淀粉，炒匀，盛出炒好的食材，装入盘中即可。

150

原料：菠菜85克，虾米10克，腐竹50克，姜片、葱段各少许
调料：盐2克，鸡粉2克，生抽3毫升，食用油适量

腐竹烩菠菜

● 难易度：★★☆

● 烹饪时间：3分钟

● 功效：降低血压

做法

1 洗净的菠菜切段。

2 热锅注油，倒入腐竹，搅散。

3 炸至金黄色，捞出，沥干油。

4 锅底留油烧热，倒入姜片、葱段、虾米、腐竹，翻炒出香味。

5 加清水、盐、鸡粉、生抽，煮至食材熟透。

6 放入菠菜，炒至待菠菜熟软入味，盛出炒好的菜肴，装入盘中即可。

tips

菠菜不要炒太久，以免破坏其营养。

甘草绿豆炖鸭

难易度：★★★

烹饪时间：61分钟

功效：清热解毒

①

②

③

④

原料：鸭肉块300克，水发绿豆120克，甘草、姜片各少许

调料：盐、鸡粉各2克，料酒12毫升

tips

鸭肉先腌渍再炖煮，这样不仅能去除腥味，还更容易入味。

•• 做法 ••

1 锅中注入清水烧开，倒入洗好的鸭肉块，淋入料酒，拌匀，余去血水，捞出，沥干水分。

2 砂锅中注入清水烧热，倒入备好的甘草、姜片，放入洗好的绿豆。

3 倒入鸭肉，淋入料酒，煮约1小时至食材熟透。

4 加入盐、鸡粉，拌匀调味，盛出炖煮好的菜肴即可。

西红柿炖鲫鱼

● 难易度：★★☆

● 烹饪时间：12分钟　● 功效：养肝护肾

原料：鲫鱼250克，西红柿85克，葱花少许

调料：盐、鸡粉各2克，食用油适量

●‥ 做法 ‥●

1　洗净的西红柿切片。

2　用油起锅，放入鲫鱼，煎至断生，加入清水，煮约10分钟。

3　倒入西红柿，撇去浮沫，煮至食材熟透，加入盐、鸡粉，拌匀，盛出煮好的菜肴，装碗中，放上葱花即可。

西红柿鸡蛋炒牛肉

● 难易度：★★☆

● 烹饪时间：2分钟　● 功效：温中益气

原料：牛肉120克，西红柿70克，鸡蛋1个，葱花、姜末各少许

调料：盐、鸡粉、生抽、料酒、白糖、食粉、水淀粉、食用油各适量

●‥ 做法 ‥●

1　西红柿去蒂，切小瓣；牛肉切片。

2　鸡蛋打碗中，加盐、鸡粉；将牛肉片装碗，加全部调料；锅注油，加牛肉，沥干油；锅留油，放蛋液，炒蛋花。

3　油起锅，加姜末、西红柿、盐、白糖、牛肉、料酒、鸡蛋、葱花，炒出葱香味，盛出炒好的菜肴即可。

陈皮炒猪肝

- 难易度：★★☆
- 烹饪时间：2分钟 ● 功效：养血柔肝

原料：猪肝150克，水发陈皮5克，鸡蛋1个，水发木耳5克，彩椒5克，姜片、葱段各少许

调料：盐2克，生粉5克，水淀粉、生抽、料酒、胡椒粉、食用油各适量

• • 做法 • •

1 洗净的猪肝用斜刀切片；洗好的彩椒切小块。

2 猪肝加入盐、料酒、鸡蛋清、生粉，拌匀腌渍入味，备用。

3 用油起锅，放入姜片、葱段、猪肝，炒匀；加入陈皮、彩椒、木耳，炒匀；放料酒、生抽、盐、胡椒粉，炒匀；倒入水淀粉勾芡即可。

红枣银耳炖鸡蛋

- 难易度：★★☆
- 烹饪时间：42分钟 ● 功效：活血破瘀

原料：去壳熟鸡蛋2个，红枣25克，水发银耳90克，桂圆肉30克，冰糖30克

• • 做法 • •

1 砂锅中注入清水，倒入熟鸡蛋、银耳、红枣、桂圆肉，拌匀，炖30分钟至食材熟软。

2 加入冰糖，拌匀，续炖10分钟至冰糖溶化。

3 搅拌片刻至入味，盛出炖好的鸡蛋，装入碗中即可。

原料：羊肝200克，枸杞10克，姜丝、葱花各少许
调料：盐2克，鸡粉2克，料酒10毫升，胡椒粉、食用油各适量

•• 做法 ••

1 处理干净的羊肝切片。
2 锅中注入清水烧开，放入羊肝。
3 搅匀，煮沸，氽去血水，捞出，沥干水分。
4 砂锅中注入清水烧开，放入姜丝、枸杞。
5 倒入羊肝、料酒，拌匀，煮20分钟，至食材熟透。
6 放入盐、鸡粉、胡椒粉、食用油，拌至食材入味，盛出煮好的羊肝汤，撒上葱花即可。

枸杞羊肝汤

● 烹饪时间：22分钟　● 难易度：★★☆　● 功效：养肝护肾

① ② ③
④ ⑤ ⑥

tips

羊肝味道较膻，可以多放点姜丝去味。

草莓香蕉奶糊

难易度：★★☆

烹饪时间：3分钟

功效：消脂保肝

原料：草莓80克，香蕉100克，酸奶100克

tips

草莓切好后要立即使用，否则会降低其营养价值.

做法

1 将洗净的香蕉切去头尾，剥去果皮，切丁，洗好的草莓去蒂，对半切开。

2 取榨汁机，倒入草莓、香蕉。

3 加入酸奶，盖上盖。

4 选择"榨汁"功能，榨取果汁，将榨好的果汁奶糊装入杯中即可。

①

②

③

④

橘子糖水

● 难易度：★☆☆
● 烹饪时间：7分钟　● 功效：利尿祛湿

原料：橘子30克，冰糖15克

· · 做法 · ·

1　砂锅中注入清水烧热。
2　倒入橘子，煮5分钟。
3　倒入冰糖，拌匀，煮至冰糖溶化，将煮好的糖水盛入碗中即可。

清肝生菜豆浆

● 难易度：★★☆
● 烹饪时间：18分钟　● 功效：消肿散结

原料：水发黄豆55克，生菜25克

· · 做法 · ·

1　将已浸泡8小时的黄豆倒入碗中，加入清水，洗干净，将洗好的黄豆倒入滤网，沥干水分。
2　把洗好的黄豆、生菜倒入豆浆机中，注入清水，选择"五谷"程序，待豆浆机运转约15分钟，即成豆浆。
3　把煮好的豆浆倒入滤网，滤取豆浆，倒入杯中，用汤匙捞去浮沫，待稍微放凉后即可饮用。

养好脾，老婆瘦身不用愁

《黄帝内经》里说，脾掌管我们的肌肉，它开窍于口，其华在唇。全身肌肉的营养要依靠脾的运输和化生来供应。

脾气健运，则肌肉丰满；若脾失健运，则肌肉渐消。许多爱美人士都是谈"肌"则色变，好像肌肉这种东西根本就不应该属于女人，或者说它不应该与女人的美丽擦上边。事实刚好相反，恰当比例的肌肉，是女人拥有丰腴身形之本！脾为后天之本，气血生化之源。脾胃功能健运，则不但面色红润，而且肌肉紧致、皮肤弹性好。反之，脾失健运，气血津液不足，不能营养颜面，其人必精神萎靡，面色苍白萎黄，因为水分不能及时排走，瘀积在身体里，日积月累，整个人就变得臃肿起来。

养脾的食材有豌豆、牛肉、牛肚、豆豉、包菜、茯苓、猪肚、芸豆、淮山、山药、牛奶、鲫鱼、薏米、南瓜、樱桃、板栗、猴头菇、白扁豆等。

豌豆炒牛肉粒

● 难易度：★★☆

● 烹饪时间：2分钟　● 功效：健脾利水

原料：牛肉260克，彩椒20克，豌豆300克，姜片少许

调料：盐2克，鸡粉2克，料酒3毫升，食粉2克，水淀粉10毫升，食用油适量

·· 做法 ···

1 彩椒切丁，牛肉切粒。

2 牛肉粒装碗中，加全部调料，拌匀。

3 锅中加清水、豌豆、盐、食用油、彩椒，煮至断生，捞出，沥干水分。

4 热锅注油，加牛肉，捞出；油起锅，放姜片、牛肉、料酒、食材、食粉、料酒、水淀粉，炒熟即可。

豆豉酱蒸鸡腿

● 难易度：★★☆
● 烹饪时间：21分钟　● 功效：健脾和胃

原料：鸡腿500克，洋葱25克，姜末10克，蒜末10克，葱段5克
调料：料酒、生抽、老抽、白胡椒粉、豆豉酱、蚝油、盐各适量

・・ 做法 ・・

1 洋葱切丝，鸡腿切开。
2 取碗，放鸡腿、洋葱丝、蒜末、姜末、葱段、全部调料，腌制2个小时。
3 取盘，将鸡腿放入，蒸锅上火烧开，放入鸡腿，蒸20分钟至熟透，取出鸡腿装入盘中即可。

猪肉包菜卷

● 难易度：★★☆
● 烹饪时间：22分钟　● 功效：健脾益胃

原料：肉末60克，包菜70克，西红柿75克，洋葱50克，蛋清40克，姜末少许
调料：盐2克，水淀粉适量，生粉、番茄酱各少许

・・ 做法 ・・

1 锅中注入清水，放包菜，煮至变软。
2 西红柿切碎，洋葱切丁，包菜修整齐，放西红柿、肉末、洋葱、姜末、盐、水淀粉，制成馅料，制成数个生坯，放蒸盘，取出蒸好的食材。
3 油起锅，加番茄酱、清水、水淀粉，制成味料，浇在包菜卷上即可。

163

猪肚芸豆汤

● 难易度：★★☆
● 烹饪时间：93分钟 ● 功效：健脾和胃

原料：猪肚500克，水发芸豆100克，花椒8克，姜片少许

调料：盐3克，鸡粉3克，料酒10毫升，胡椒粉少许

● ● 做法 ● ●

1 将洗净的猪肚切条。
2 锅中注入清水烧开，放入猪肚、料酒，去除腥味，捞出，沥干水分。
3 砂锅注入清水烧开，倒入猪肚、芸豆、姜片、花椒，搅匀，炖90分钟至熟，放入盐、鸡粉、胡椒粉，拌匀，将炖好的菜肴盛出装入碗中即可。

麦芽淮山煲牛肚

● 难易度：★★☆
● 烹饪时间：122分钟 ● 功效：健脾和胃

原料：麦芽20克，淮山45克，牛肉200克，牛肚200克

调料：鸡粉2克，盐2克

● ● 做法 ● ●

1 牛肚切片，牛肉切片。
2 锅中加清水、牛肚、牛肉片，煮沸余去血水，捞出，沥干水分。
3 锅中注入清水烧开，放入麦芽、淮山、料酒、牛肚、牛肉，炖2小时至食材熟烂，放入鸡粉、盐，拌匀，煮至食材入味，把煮好的汤料盛出，装入碗中即可。

茯苓胡萝卜鸡汤

● 难易度：★★☆

● 烹饪时间：63分钟

● 功效：健脾利水

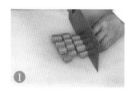

原料：鸡肉块500克，胡萝卜100克，茯苓25克，姜片、葱段各少许

调料：料酒16毫升，盐2克，鸡粉2克

tips

清洗胡萝卜时，最好不要去蒂，以免残留的农药进入果实内部。

·· 做法 ··

1 洗净去皮的胡萝卜切小块。

2 锅中注入清水烧开，倒入洗好的鸡肉块，淋入料酒，搅匀，汆去血水，捞出，装入盘中。

3 砂锅中注入清水烧开，放入姜片、茯苓、鸡肉块、胡萝卜块、料酒，煮1小时至食材熟透。

4 加入盐、鸡粉，拌匀，盛出煮好的汤料，装入碗中即可。

牛奶鲫鱼汤

难易度：★★☆

● 烹饪时间：7分钟 ● 功效：健脾利水

原料：净鲫鱼400克，豆腐200克，牛奶90毫升，姜丝、葱花各少许
调料：盐2克，鸡粉少许

·· 做法 ··

1 豆腐切小方块。

2 油起锅，放入鲫鱼，煎至散出香味，煎至两面断生。

3 锅中注入清水烧开。

4 撒上姜丝，放入鲫鱼，加入鸡粉、盐，搅匀调味，掠去浮沫。

5 盖上盖，用中火煮约3分钟，至鱼肉熟软。

6 放入豆腐块、牛奶，拌匀，煮约2分钟，至豆腐入味，盛出煮好的鲫鱼汤，装入汤碗中，撒上葱花即成。

tips
倒入牛奶后不宜用大火煮，免降低其营养价值。

薏米南瓜汤

● 难易度：★★☆

● 烹饪时间：147分钟 ● 功效：健脾益胃

原料：南瓜150克，水发薏米100克，金华火腿15克，金华火腿末、葱花各少许

调料：盐2克

●‧ 做法 ‧●

1 南瓜切片，把火腿切片。

2 取蒸碗，摆放好南瓜、火腿片，砂锅中注入清水，倒入洗净的薏米，煮2小时至熟，盛出薏米。

3 在南瓜和火腿片上放入盐、薏米汤，蒸锅中注入清水烧开，放入蒸碗，蒸25分钟至食材熟透，取出蒸碗，撒上火腿末、葱花即可。

薏米炖冬瓜

● 难易度：★★☆

● 烹饪时间：31分钟 ● 功效：健脾利水

原料：冬瓜230克，薏米60克，姜片、葱段各少许

调料：盐2克，鸡粉2克

●‧ 做法 ‧●

1 洗好的冬瓜去瓤，切小块。

2 砂锅中注入清水烧热，倒入冬瓜、薏米、姜片、葱段，拌匀，煮约30分钟至熟透。

3 加入盐、鸡粉，拌匀，盛出煮好的菜肴即可。

板栗牛肉粥

- 难易度：★★☆
- 烹饪时间：37分钟　●功效：保肝护肾

原料：水发大米120克，板栗肉70克，牛肉片60克

调料：盐2克，鸡粉少许

• • 做法 • •

1 砂锅中注入清水烧热，倒入洗净的大米，煮约15分钟。

2 倒入洗好的板栗，拌匀，煮约20分钟，至板栗熟软。

3 倒入牛肉片、盐、鸡粉，拌匀，煮至肉片熟透，盛出煮好的粥，装入碗中即成。

鲫鱼薏米粥

- 难易度：★★☆
- 烹饪时间：47分钟　●功效：健脾利水

原料：鲫鱼400克，薏米100克，大米200克，枸杞、葱花各少许

调料：盐、鸡粉各2克，料酒、芝麻油各适量

• • 做法 • •

1 处理干净的鲫鱼切大段。

2 砂锅中注入清水烧热，倒入薏米、大米、鲫鱼，拌匀，煮40分钟至食材熟透。

3 加入料酒、枸杞，煮5分钟至熟软，放入盐、鸡粉、芝麻油，拌匀，盛出煮好的粥，装入碗中即可。

樱桃豆腐

● 难易度：★★☆
● 烹饪时间：6分钟
● 功效：健脾和胃

原料：樱桃130克，豆腐270克

调料：盐2克，白糖4克，鸡粉2克，陈醋10毫升，水淀粉6毫升，食用油适量

tips

樱桃不要直接用手拔掉蒂，可用剪刀剪断，以保持外形美观。

・・ 做法 ・・

1 洗好的豆腐切小方块。

2 煎锅上火烧热，淋入食用油，倒入豆腐，煎至两面金黄色，盛出豆腐块。

3 锅底留油烧热，注入清水，放入洗好的樱桃，加入盐、白糖、鸡粉、陈醋。

4 拌匀，煮沸，倒入豆腐，拌匀，煮至入味，用水淀粉勾芡，盛出炒好的菜肴即可。

猴头菇香菇粥

难易度：★★☆

烹饪时间：52分钟 ● 功效：健脾和胃

原料：水发大米100克，鲜香菇55克，猴头菇20克
调料：盐少许

做法

1 将洗净的香菇切条形，洗好的猴头菇撕成小块。

2 砂锅中注入清水烧热。

3 倒入猴头菇，放入洗净的大米。

4 盖上盖，大火烧开后改小火煮约35分钟，至米粒变软。

5 揭盖，倒入切好的香菇，拌匀，续煮约15分钟，至食材熟透。

6 揭盖，加入盐，拌匀，盛出煮好的香菇粥，装在碗中即成。

\ tips /

猴头菇撕小块后最好再浸泡一会儿，这样粥的味道会更香。

170

健脾益气粥

● 难易度：★★☆

● 烹饪时间：42分钟　● 功效：健脾止泻

原料：水发大米150克，淮山50克，芡实45克，水发莲子40克，干百合35克

调料：冰糖30克

● ● 做法 ● ●

1 砂锅中注入清水烧开，放入洗净的淮山、芡实、莲子、干百合。

2 倒入洗好的大米，搅匀，煮约40分钟，至米粒熟透。

3 加入冰糖，拌匀，煮至冰糖溶化，盛出煮好的粥，装入碗中即成。

白扁豆豆浆

● 难易度：★★☆

● 烹饪时间：16分钟　● 功效：养肝护肾

原料：白扁豆25克，水发黄豆50克

● ● 做法 ● ●

1 将已浸泡8小时的黄豆倒入碗中，注入清水，洗干净，把洗好的黄豆倒入滤网，沥干水分。

2 将洗好的白扁豆、黄豆倒入豆浆机中，注入清水，选择"五谷"程序，待豆浆机运转约15分钟，即成豆浆。

3 把煮好的豆浆倒入滤网，滤取豆浆，将滤好的豆浆倒入杯中即可。

清好肺，老婆皮肤白又嫩

中医认为肺主皮毛，能输精于皮毛，润泽肌肤。意思是说皮肤和毛发的状态取决于肺。所以，女性要想皮肤白里透红，健康有光泽，首先爱把肺养好。当我们悲伤过度时常会有喘不过气来的感觉，这就是太过悲伤使肺气受损。反过来，肺气虚时，人也会变得多愁善感，而肺气太盛时，人容易骄傲自大。所以说，要想使肺机条达，让皮肤健康有光泽，还要防止情绪过悲。

那么，怎样才能补肺呢？首先，人们可以多吃一些甘淡质脆的食物，如百合、鲜藕、海蜇、柿饼等；也可以在做粥时加入一些清肺养阴的中药，如麦门冬、天门冬、沙参、玉竹等。其次，在中医看来，健脾胃也可以达到补肺的目的。肺和脾都属于太阴，二者是密切相关的，通过补脾的经典方（如四君子汤、参苓白术散等）可以使肺气充足，就是中医常说的"培土生金法"。平时，我们要注意挺胸抬头，或多做一些扩胸运动，使肺气充分地打开。

红烧萝卜

● 难易度：★★☆
● 烹饪时间：23分钟　● 功效：清肠润肺

原料：去皮白萝卜400克，鲜香菇3个
调料：盐、鸡粉各1克。白糖2克，生抽、老抽各5毫升，水淀粉、食用油各适量

···（做法）···

1 洗净的白萝卜切滚刀块，洗好的鲜香菇斜刀对半切开。
2 用油起锅，倒入香菇，炒出香味。
3 注入清水，放入白萝卜，拌匀。
4 加入盐、生抽、老抽、白糖、鸡粉，拌匀，焖20分钟，用水淀粉勾芡，盛出菜肴，装盘即可。

原料：排骨块、玉米段、马蹄、胡萝卜、腐竹、姜片各少许
调料：盐、鸡粉各2克，料酒5毫升

•• 做法 ••

1 洗净去皮的胡萝卜切滚刀块，洗好去皮的马蹄对半切开。
2 锅中注入清水烧热，倒入洗净的排骨块，拌匀，汆去血水，去除浮沫，捞出，沥干水分。
3 砂锅中注入清水烧开，倒入排骨、料酒，拌匀。
4 放入胡萝卜、马蹄、玉米段、姜片，煲煮约1小时。
5 揭开盖，倒入腐竹，拌匀，续煮约10分钟。
6 揭开盖，加入盐、鸡粉，拌至其入味，盛出煮好的汤即可。

腐竹玉米马蹄汤

● 难易度：★★☆
● 烹饪时间：72分钟
● 功效：温润肺气

tips

排骨比较油腻，可以把浮油撇去再饮用。

杏仁猪肺粥

难易度：★★☆

烹饪时间：52分钟

功效：补气敛肺

原料：猪肺、北杏仁、水发大米、姜片、葱花各少许

调料：盐3克，鸡粉2克，芝麻油2毫升，料酒3毫升，胡椒粉适量

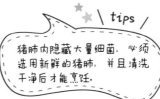

tips

猪肺内隐藏大量细菌，必须选用新鲜的猪肺，并且清洗干净后才能烹饪。

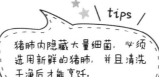

做法

1 猪肺切小块，放入清水中，加盐，抓洗干净。

2 锅中加水、料酒、猪肺，煮1分30秒，捞出，沥干水分。

3 砂锅中注入清水烧开，放入洗好的北杏仁、大米，搅匀，煮30分钟，至大米熟软。

4 倒入猪肺、姜片，拌匀，续煮20分钟，至食材熟透，放入鸡粉、盐、胡椒粉、芝麻油，搅匀，放入葱花，拌匀，将煮好的粥盛出，装入碗中即可。

润肺豆浆

● 难易度：★★☆

● 烹饪时间：21分钟 ● 功效：清肠润肺

原料：水发黑米40克，水发黑豆45克，核桃仁、杏仁各15克，黑芝麻30克
调料：冰糖少许

• • 做法 • •

1 将黑豆倒入碗中，放入黑米、黑芝麻、清水，洗净，倒入滤网，沥干水分。
2 把食材倒入豆浆机中，放入杏仁、核桃仁、冰糖、清水，选择"五谷"程序，待豆浆机运转约20分钟，即成豆浆。
3 把煮好的豆浆倒入滤网，滤取豆浆，用汤匙捞去浮沫，即可饮用。

补肺大米豆浆

● 难易度：★★☆

● 烹饪时间：15分钟 ● 功效：养心润肺

原料：水发黄豆40克，水发大米40克

• • 做法 • •

1 把已浸泡8小时的黄豆、浸泡4小时的大米装入碗中，注入清水，洗干净，把洗净的大米、黄豆倒入滤网中，沥干水分。
2 将黄豆、大米倒入豆浆机中，注入清水，选择"五谷"程序，待豆浆机运转约13分钟，即成豆浆。
3 把煮好的豆浆倒入滤网，滤取豆浆，倒入杯中，待稍凉后即可饮用。

养好心，老婆面色红润气质佳

　　心在人体内主宰血液的运行，濡养头面及皮肤，使面部皮肤红润光泽有弹性，因此《黄帝内经》中说："心主血脉，其华在面。"

　　心主血脉，推动血液运行，从而滋养全身。一个人面色的明暗润枯在很大程度上反映了心主血脉的功能。不论肤色深浅，健康人的面色应透出红润的血色。若心气不足，心血亏损，面部供血不足，皮肤得不到滋养，面色就会苍白无华，甚至枯槁。

　　中医五行里，心属火，心主血，所以心最喜欢的颜色就是红色。养心最好吃些赤色食物，通常这种颜色给人的感觉就是温，热，它们对应的同为红色的血液及负责血液循环的心脏！对于气色不佳，四肢冰冷的虚寒体质更可以多多益善！此外，具有养心功效的食材有核桃、苹果、土豆、菠菜、橄榄油、豆腐（豆制品）、鱼（海鱼）、沙丁鱼、莲子、胡萝卜、羊肉、黑豆、燕麦、黑芝麻。

马蹄玉米炒核桃

● 难易度：★★☆

● 烹饪时间：2分钟　● 功效：养心润肺

原料：马蹄肉200克，玉米粒90克，核桃仁50克，彩椒35克，葱段少许

调料：白糖4克，盐、鸡粉各2克，水淀粉、食用油各适量

· · （做法）· ·

1 马蹄肉切小块，彩椒切小块。

2 锅中加清水、玉米粒，煮至断生；放马蹄肉、食用油、彩椒、白糖，拌匀，煮至食材断生，捞出

3 用油起锅，倒入葱段爆香，放入食材、核桃仁、盐、白糖、鸡粉、水淀粉，炒至食材入味即可。

羊肉山药粥

● 难易度：★★☆

● 烹饪时间：42分钟　● 功效：温中益气

原料：羊肉200克，山药300克，水发大米150克，姜片、葱花、胡椒粒各少许

调料：盐3克，鸡粉4克，生抽4毫升，料酒、水淀粉、食用油各适量

●● 做法 ●●

1 山药切丁，羊肉切丁。

2 把羊肉丁装入碗中，放盐、鸡粉、生抽、料酒、水淀粉、食用油，拌匀。

3 砂锅中加清水、大米、山药、羊肉、姜片，煮至熟透，加入盐、鸡粉、胡椒粒，拌匀，盛出煮好的粥，装入碗中，撒上葱花即可。

补肾黑芝麻豆浆

● 难易度：★★☆

● 烹饪时间：40分钟　● 功效：补肾益气

原料：水发黑豆65克，花生米40克，黑芝麻15克

调料：白糖10克

●● 做法 ●●

1 花生米和已浸泡8小时的黑豆倒入碗中，加入清水，洗干净，倒入滤网，沥干水分。

2 黑豆、花生米、黑芝麻倒入豆浆机中，注入清水，选择"五谷"程序，待豆浆机运转约15分钟，即成豆浆。

3 把煮好的豆浆倒入滤网，滤取豆浆，加入白糖，用汤匙捞去浮沫。

黑豆莲藕鸡汤

难易度：★★☆

烹饪时间：42分钟 · 功效：补虚养肾

原料：水发黑豆100克，鸡肉300克，莲藕180克，姜片少许

调料：盐、鸡粉各少许，料酒5毫升

tips

煮汤前最好将黑豆泡软后再使用，这样可以缩短烹饪的时间。

 做法

1 将莲藕切丁，洗好的鸡肉斩成小块。

2 锅中注入清水烧开，倒入鸡块，煮一会儿，去除血水后捞出，沥干水分。

3 砂锅中注入清水烧开，放入姜片、鸡块、黑豆、藕丁、料酒，煮约40分钟，至食材熟透。

4 加入盐、鸡粉，煮至食材入味，盛出煮好的鸡汤，装入汤碗中即成。

让健康一生相随

——老婆特殊时期调理餐

　　老公为老婆特别的时期做风味不同的调理餐，让营养更加丰富，月经期是女人新陈代谢旺盛时期，这个时期应该让女人静下来，好好享用美味，舒缓情绪。备孕期先把身体调理好，健康身体怀宝宝，这样宝宝更聪明。孕期需要补充各种营养素，吃出健康乖宝宝，让宝宝成长快。更年期女人难熬，脾气易发，老公需担当。每一个阶段女人都是一次成长的蜕变，女人的魅力精彩的展现。

月经期

　　月经其间的女性很容易感到疲劳乏力，消化功能也减弱，胃口欠佳，因此，在饮食上要注意食物的清淡。为了保持营养平衡，应该同时食用新鲜蔬菜和水果。食物以新鲜的为主，这样不仅味道鲜美，而且也更易于吸收，另外营养被破坏的程度也大大减小。

　　铁不仅参与着血红蛋白及许多重要酶的合成，而且对于免疫、智力、衰老以及能量代谢等等都有这重要的作用。月经来潮期间，由于铁的丢失较多，进补含铁丰富的食物非常重要。鱼、瘦肉、动物肝、动物血等含铁丰富，而且生物活性比较大，比较容易被人体吸收和利用。

　　月经期间的女性要避免食用过酸和刺激性较大的食品，如酸菜、食醋、辣椒、芥末、胡椒等。血得热则行，得寒则滞。月经期吃生冷的食物，一会有碍消化，二会更容易伤人体阳气，导致内寒产生，寒性凝滞，这可能会导致经血运行不畅，造成经血过少，甚至出现痛经。

松仁炒羊肉

● 难易度：★★☆

● 烹饪时间：3分钟　● 功效：增强免疫

原料：羊肉、彩椒、豌豆、松仁、胡萝卜片、姜片、葱段各少许

调料：盐、鸡粉、食粉、生抽、料酒、水淀粉、食用油各适量

·· 做法 ··

1　彩椒切小块，羊肉切片。

2　羊肉装碗中，加食粉、盐、鸡粉、生抽、水淀粉，拌匀；锅中加水、食用油、盐、豌豆、彩椒、胡萝卜片，煮断生。

3　锅注油，放松仁、羊肉炒至变色。

4　锅底留油，放姜片、葱段、食材、羊肉、料酒、鸡粉、盐，水淀粉。

茶树菇蒸牛肉

● 难易度：★★☆

● 烹饪时间：25分钟　● 功效：增强免疫

原料：水发茶树菇250克，牛肉330克，姜末、蒜末各少许

调料：蚝油8克，盐2克，料酒4毫升，水淀粉4毫升，胡椒粉2克，食用油适量

• •（做法）• •

1 茶树菇切去根部，牛肉切片，牛肉装碗中，加料酒、姜末、胡椒粉、蚝油、水淀粉、盐、食用油，拌匀。

2 锅中加清水、茶树菇，焯煮，捞出，

3 取蒸碗，放茶树菇、牛肉，将蒜末撒在牛肉上，蒸锅注水，放蒸碗，蒸25分钟至熟透，将菜肴取出。

红枣猪肝鸡蛋羹

● 难易度：★★☆

● 烹饪时间：9分钟　● 功效：补血益气

原料：昆仑之恋红枣3颗，猪肝130克，鸡蛋2个，鸡汤200毫升，葱花少许

调料：盐2克，鸡粉1克，料酒3毫升，芝麻油适量

• •（做法）• •

1 红枣去核，切丁，猪肝切碎，装碗中，加盐、料酒，拌匀。

2 碗中打鸡蛋，加盐、鸡粉，取碗，加蛋液、猪肝、红枣、鸡汤，拌匀。

3 蒸锅加水、食材的碗，蒸至熟透，揭开盖，取出蒸熟的蛋羹，淋上芝麻油，撒上葱花即可。

桑葚乌鸡汤

● 难易度：★★☆
● 烹饪时间：93分钟　● 功效：益肾养阴

原料：乌鸡400克，竹笋80克，桑葚8克，姜片、葱段各少许

调料：料酒7毫升，盐2克，鸡粉2克

● ● 做法 ● ●

1 竹笋切成薄片。

2 锅中加清水、笋片、乌鸡肉，略煮片刻，余去血水，捞出。

3 砂锅加清水、姜片、葱段、桑葚、乌鸡肉、笋片、料酒，拌匀，煮约90分钟至食材熟软，加入盐、鸡粉，搅拌至食材入味，关火后将炖煮好的汤料盛出，装入碗中即可。

鸡汤豆腐串

● 难易度：★★☆
● 烹饪时间：93分钟　● 功效：增强免疫

原料：豆腐皮150克，鸡汤500毫升，香葱35克，香菜30克

调料：盐1克，鸡粉、胡椒粉各2克，芝麻油5毫升，食用油适量

● ● 做法 ● ●

1 豆腐皮切正方形；香葱、香菜切段；往豆腐皮上放葱段、香菜，将豆腐皮卷起，用牙签固定形状。

2 热锅注油，放豆腐串，煎至微黄，姜片，加鸡汤、盐、鸡粉、胡椒粉。

3 加芝麻油，夹出豆腐串，浇在豆腐串上，放香菜点缀即可。

原料：水发黄豆、水发花生米、猪皮、姜片、葱段各少许
调料：料酒、老抽、盐、鸡粉、水淀粉、食用油各适量

•• 做法 ••

1 处理好的猪皮用斜刀切块。

2 锅中注入清水烧开，倒入猪皮、料酒，拌匀，氽去腥味。

3 捞出猪皮，沥干水分。

4 用油起锅，放入姜片、葱段、猪皮，炒匀。

5 加入料酒、老抽，炒匀，加清水、洗黄豆、花生，拌匀。

6 加入盐，焖约30分钟至食材熟透，撇去浮沫，加入鸡粉，用水
淀粉勾芡，拌匀，盛出焖煮好的菜肴即可。

● 难易度：★★☆
● 烹饪时间：34分钟
● 功效：益气补血

黄豆花生焖猪皮

✦ \ tips /

要将猪皮上的猪毛刮干净，
这样食用时更卫生。

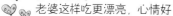

莲子葡萄干粥

难易度：★☆☆

烹饪时间：52分钟

功效：增强免疫

原料：莲子30克，葡萄干10克，大
米130克，山药丁30克

tips

可先将莲子心去掉，以免会
有苦味。

• • 做法 • •

1 砂锅中注入清水烧热，倒入洗好的大米、莲子。

2 盖上盖，用大火煮开后转小火续煮40分钟至食材熟软。

3 揭盖，倒入葡萄干、山药丁，拌匀。

4 用小火续煮10分钟至食材熟透，盛出煮好的粥，装入碗中，
撒上葡萄干即可。

牛肉菠菜碎面

● 难易度：★★☆

● 烹饪时间：4分钟　● 功效：益气补血

原料：龙须面100克，菠菜15克，牛肉35克，清鸡汤200毫升

调料：盐2克，生抽5毫升，料酒5毫升，食用油适量

··· 做法 ···

1 牛肉切、菠菜切末，热锅注油，放牛肉末、料酒、盐，炒匀，将炒好的肉末盛出，装入盘中。

2 锅中加清水、龙须面，煮熟软，

3 锅中放鸡汤、牛肉末、盐、生抽、菠菜，煮熟，将煮好的汤料盛入面中即可。

牛奶桂圆燕麦西米粥

● 难易度：★☆☆

● 烹饪时间：32分钟　● 功效：美容养颜

原料：燕麦50克，西米60克，桂圆肉25克，牛奶200毫升

调料：白糖25克

··· 做法 ···

1 锅中注入清水烧开，放入燕麦、西米、桂圆肉，搅拌均匀，小火煮30分钟至食材熟透。

2 揭开盖，倒入牛奶，搅拌匀，煮至沸。加入白糖，搅拌匀，煮至溶化。

3 盛出煮好的粥，装入碗中即可。

备孕期

　　孕前的营养饮食习惯直接影响着孕期健康。所以备孕期的饮食习惯必须趁早调整，通常情况下在怀孕前半年开始调整饮食习惯是最好的。

　　首先要放弃节食，选择运动减肥。有很多女性担心怀孕期间体重超标，因此打算在怀孕前把体重降下来。不过，这个阶段一定要停止节食，只能靠增加运动来减肥。其次要均衡饮食，食物选择一定要以新鲜天然为原则，如果有可能的话，尽量选择有机食品和绿色食品。每天要保证250克主食，其中一半是粗粮杂粮；还要保证500克蔬菜，其中一半是绿叶蔬菜；每天一个鸡蛋也非常重要。除此之外，适量吃一些豆制品、瘦肉、鱼类等。最后尽量少吃腊肉、香肠、咸鱼等各种腌制品，因为其中有微量的亚硝胺致癌物。喜欢喝咖啡的白领女性们如果准备怀孕也要停喝咖啡了，有研究表明，一天一杯以上的咖啡可能会降低怀孕概率，还是少喝为宜。

圣女果芦笋鸡柳

● 难易度：★★☆

● 烹饪时间：2分钟　● 功效：增强免疫

原料：鸡胸肉220克，芦笋100克，圣女果40克，葱段少许

调料：盐3克，鸡粉少许，料酒6毫升，水淀粉、食用油各适量

･ ･ ･ 做法 ･ ･ ･

1 芦笋用斜刀切长段，圣女果对半切开，鸡胸肉切条形。

2 鸡肉条装碗中，加盐、水淀粉、料酒，搅拌；热锅注油，放鸡肉条。

3 放芦笋段，炸至断生后捞出；油起锅，放葱段、材料、圣女果、盐、鸡粉、料酒、水淀粉，炒熟，盛出。

椒丝炒苋菜

● 难易度：★☆☆

● 烹饪时间：2分钟 ● 功效：补益气血

原料：苋菜150克，彩椒40克，蒜末少许

调料：盐2克，鸡粉2克，水淀粉、食用油各适量

●•• 做法 •••

1 将洗净的彩椒切丝，装入盘中。

2 用油起锅，放入蒜末，倒入择洗净的苋菜，翻炒至其熟软，放入彩椒丝，翻炒均匀。

3 加入盐、鸡粉，倒入水淀粉勾芡，将炒好的菜盛出，装入盘中即可。

肉丝扒菠菜

● 难易度：★★☆

● 烹饪时间：5分钟 ● 功效：补铁补血

原料：菠菜400克，肉丝150克，枸杞15克，熟白芝麻20克，蒜末适量

调料：盐2克，鸡粉1克，生抽、料酒各5毫升，水淀粉、食用油各适量

●•• 做法 •••

1 菠菜切两段；热锅注油，倒入蒜末、菠菜、盐，炒熟。

2 锅中注油，倒入肉丝、蒜末、肉丝、料酒、生抽、清水、枸杞、盐、鸡粉、水淀粉，炒匀。

3 盛出肉丝和汤汁，浇在菠菜上，撒上熟白芝麻即可。

虾茸豆腐泡

- 难易度：★★☆
- 烹饪时间：12分钟 ● 功效：补充钙磷

原料：虾仁200克，豆腐泡100克，葱花、蒜末、香菇末各少许

调料：盐、鸡粉、生抽、料酒、蚝油、芝麻油、水淀粉、食用油各适量

做法

1 虾仁剁茸状，放碗中，加盐、白糖、料酒、清水，制成虾茸，放虾茸，包好。

2 取碗，加生抽、料酒、盐、清水，制成调味汁，倒在豆腐泡上，蒸锅中加清水、豆腐泡，蒸熟。

3 油起锅，放蒜末、香菇末、全部调料、清水，煮熟，撒上葱花即可。

大麦猪骨汤

- 难易度：★★☆
- 烹饪时间：92分钟 ● 功效：养血健骨

原料：水发大麦200克，排骨250克

调料：盐2克，料酒适量

做法

1 锅中注入适量清水烧开，倒入洗净的猪骨，淋入料酒，余煮片刻，捞出，装盘备用。

2 砂锅中注入清水烧开，倒入猪骨、大米、料酒，拌匀。

3 加盖，大火煮开转小火煮90分钟至析出有效成分，揭盖，加入盐，拌匀，关火后盛出煮好的汤，装入碗中即可。

水煮猪肝

- 难易度：★★☆
- 烹饪时间：3分钟
- 功效：增强免疫

原料：猪肝300克，白菜200克，姜片、葱段、蒜末各少许

调料：盐、鸡粉、料酒、水淀粉、豆瓣酱、生抽、辣椒油、花椒油

tips

猪肝在烹制前可用生粉腌渍一下，口感会更嫩。

●● 做法 ●●

1 将洗净的白菜切细丝，处理干净的猪肝切薄片。

2 把猪肝放入碗中，加入盐、鸡粉、料酒、水淀粉，拌匀，去除腥味，腌渍10分钟。

3 锅中加清水、食用油、盐、鸡粉、白菜丝，煮熟，捞出。

4 用油起锅，放姜片、葱段、蒜末、豆瓣酱、猪肝片、料酒、清水、生抽、盐、鸡粉，拌匀，加入辣椒油、花椒油、水淀粉，拌匀，把煮好的猪肝盛入盘中即成。

山药红枣鸡汤

难易度：★★☆

● 烹饪时间：44分钟 ● 功效：益气补血

原料：鸡肉400克，山药230克，红枣、枸杞、姜片各少许
调料：盐3克，鸡粉2克，料酒4毫升

• • (做法) • •

1 洗净去皮的山药切滚刀块，洗好的鸡肉切块。

2 锅中注入清水烧开，倒入鸡肉块、料酒，拌匀，煮约2分钟，撇去浮沫，捞出，沥干水分。

3 砂锅中注入清水烧开，倒入鸡肉块。

4 放入红枣、姜片、枸杞，淋入料酒。

5 煮约40分钟至食材熟透。

6 加入盐、鸡粉，煮至入味，盛出煮好的汤料，装入碗中即可。

tips

汆煮好的鸡肉块可用清水冲洗，能彻底去除血渍。

明虾海鲜汤

● 难易度：★☆☆

● 烹饪时间：7分钟　● 功效：保肝护肾

原料：明虾30克，西红柿100克，西蓝花130克，洋葱60克，姜片少许

调料：盐、鸡粉各1克，橄榄油适量

• •【做法】• •

1 洋葱切块，西红柿去蒂，切小瓣，西蓝花切小块。

2 锅置火上，放橄榄油、姜片、洋葱、西红柿、清水，拌匀。

3 放入明虾，大火煮开后转中火煮约5分钟至食材熟透，倒入西蓝花、盐、鸡粉，拌匀，稍煮片刻至入味，关火后盛出煮好的汤，装碗即可。

鸡蛋水果沙拉

● 难易度：★★☆

● 烹饪时间：3分钟　● 功效：补充维生素

原料：去皮猕猴桃1个，苹果1个，橙子160克，熟鸡蛋1个，酸奶60克

调料：军宝南瓜籽油5毫升

• •【做法】• •

1 猕猴桃一半切片，另一半切块，苹果切块，橙子切片，鸡蛋切小瓣。

2 取盘，摆上橙子片，每片橙子上放上猕猴桃，中间放上苹果和猕猴桃。

3 取碗，倒入酸奶、南瓜籽油，将材料拌匀，制成沙拉酱，将沙拉酱倒在水果上，顶端放上切好的鸡蛋即可。

孕期

女人怀孕后常伴有困倦、恶心、呕吐、食欲不振等反应，特别喜欢吃一些酸甜果品，山楂酸性甜可口，很多孕妇喜欢吃。但是，山楂对子宫有一定的兴奋作用，可促使子宫收缩。如果孕妇大量食用山楂及其制品，容易导致流产。尽管桂圆营养丰富，是上好的补品，但妊娠期间应该少吃或不吃，因为其性温大热，而孕妇往往怀孕后易阴虚产生内热，再食桂圆会热上加热，造成孕妇大便干燥，口舌干燥而胎热，容易导致孕妇出现阴道出血等先兆流产症状。

许多人都认为吃水果可增加营养，生出的孩子皮肤白嫩，但是水果中含有的葡萄糖、果糖经胃肠道消化吸收后可转化为中性脂肪，促使体重增加，甚至还易引起高脂血症。孕妇每天水果食量不应超过500克，并且如香蕉、荔枝、葡萄等这些含糖量较高的水果尽量不要吃。此外，味精的主要成分是谷氨酸钠，易与锌结合，导致孕妇体内缺锌。久存的土豆中生物碱的含量比较高，有心脏病孕妇应该少吃些盐。

山药胡萝卜炒鸡胗

● 难易度：★★☆

● 烹饪时间：2分钟 ● 功效：增强免疫

原料：山药150克，莴笋100克，鸡胗90克，红椒15克，姜片、蒜末、葱段各少许

调料：盐、鸡粉、蚝油、生抽、料酒、水淀粉、食用油各适量

•• 做法 ••

1 山药、莴笋切片，红椒、鸡胗切小块。

2 鸡胗装入碗中，放盐、鸡粉、生抽、料酒、水淀粉，抓匀；锅中加清水、山药片、盐、红椒、莴笋，煮熟。

3 油起锅，放姜片、蒜末、葱段、鸡胗、料酒、山药、莴笋、红椒、盐、鸡粉、蚝油、葱段、水淀粉，炒熟。

干煸芋头牛肉丝

● 难易度：★★☆

● 烹饪时间：93分钟　● 功效：增强免疫

原料：牛肉、鸡腿菇、芋头、青椒、红椒、姜丝、蒜片各少许

调料：盐3克，白糖、食粉各少许，料酒4毫升，生抽6毫升，食用油适量

•• 做法 ••

1 芋头切丝，鸡腿菇切粗丝，红椒、青椒切丝，牛肉切细丝。

2 肉丝装碗中，放姜丝、料酒、盐、食粉、生抽，拌匀；热锅注油，加芋头丝，炸成金黄色，倒入鸡腿菇，搅散。

3 油起锅，放姜丝、蒜片、肉丝、红、青椒丝，芋头、鸡腿菇、

酱烧排骨海带黄豆

● 难易度：★★☆

● 烹饪时间：25分钟　● 功效：补充钙质

原料：排骨段、水发海带、水发黄豆、草果、八角、桂皮、香叶、姜片、葱段各少许

调料：料酒、老抽、生抽、盐、鸡粉、胡椒粉各少许

•• 做法 ••

1 海带切块，锅中加清水、排骨段，略煮片刻，捞出。

2 油起锅，加姜片、葱段、排骨、香叶、草果、桂皮、八角、料酒、老抽、生抽、黄豆、清水、海带，炒匀。

3 放葱段、盐、鸡粉、胡椒粉、水淀粉，炒匀，盛出锅中的食材，拣出食材。

苹果红枣鲫鱼汤

● 难易度：★☆☆
● 烹饪时间：10分钟　● 功效：益气补血

原料：鲫鱼500克，去皮苹果200克，红枣20克，香菜叶少许

调料：盐3克，胡椒粉2克，水淀粉、料酒、食用油各适量

・・ 做法 ・・

1 苹果切块，鲫鱼身上加盐、料酒，腌渍10分钟。

2 油起锅，放鲫鱼，煎至金黄色，加清水、红枣、苹果，煮开。

3 加入盐、胡椒粉、水淀粉，拌匀，煮好的汤装碗中，放上香菜叶即可。

黄豆芽猪血汤

● 难易度：★☆☆
● 烹饪时间：16分钟　● 功效：补血补铁

原料：猪血270克，黄豆芽100克，姜丝、葱丝各少许

调料：盐、鸡粉各2克，芝麻油、胡椒粉各适量

・・ 做法 ・・

1 将洗净的猪血切小块。

2 锅中注入清水，倒入猪血、姜丝、盐、鸡粉，拌匀。

3 放入洗净的黄豆芽，拌匀，用小火煮2分钟至熟，撒上胡椒粉，淋入芝麻油，拌匀入味，关火后盛出猪血汤，放上葱丝即可。

原料：鸭肉650克，八角、桂皮、香葱、姜片各少许
调料：甜面酱、料酒、生抽、老抽、白糖、盐3克，食用油适量

•• 做法 ••

1　鸭肉上抹上老抽、甜面酱，里外两面均匀抹上，腌渍两个小时。

2　热锅注油烧热，放入鸭肉。

3　煎出香味，煎至两面微黄，将鸭肉盛出，装入盘中待用。

4　锅底留油烧热，倒入八角、桂皮，炒香，倒入姜片、香葱、清水。

5　加入生抽、老抽、料酒、白糖、盐、鸭肉，搅拌片刻。

6　煮熟，盛出鸭肉，将汤汁倒入碗中待用，将鸭肉放入砧板上，斩成块状装盘待用，将汤汁浇在鸭肉上，即可食用。

酱鸭子

难易度：★★★
烹饪时间：3分钟
功效：增强免疫

❶　❷　❸
❹　❺　❻

★ \ tips /

腌渍鸭子的时候可以加点料酒，能更好地去腥。

菠菜小银鱼面

难易度：★★☆

烹饪时间：6分钟

功效：增强免疫

原料：菠菜60克，鸡蛋1个，面条10克，水发银鱼干20克

调料：盐2克，鸡粉少许，食用油4毫升

tips

银鱼干事先泡软后再下入锅中，可以缩短烹饪的时间.

•• 做法 ••

1 将鸡蛋打入碗中，拌匀，制成蛋液。

2 洗净的菠菜切成段，把面条折成小段。

3 锅中注入清水烧开，放入食用油、盐、鸡粉、银鱼干，煮沸后倒入面条，煮约4分钟，至面条熟软，倒入菠菜，拌匀，煮片刻至面汤沸腾。

4 倒入蛋液，拌至蛋液散开，续煮片刻至液面浮现蛋花，盛出煮好的面条，放在碗中即成。

黑芝麻牛奶粥

● 难易度：★★☆
● 烹饪时间：34分钟　● 功效：增强免疫

原料：熟黑芝麻粉15克，大米500克，牛奶200毫升

调料：白糖5克

··· 做法 ···

1 砂锅中注入适量清水，倒入大米。

2 加盖，用大火煮开后转小火续煮30分钟至大米熟软，揭盖，倒入牛奶，拌匀。

3 加盖，用小火续煮2分钟至入味，揭盖，倒入黑芝麻粉、白糖，拌匀，稍煮片刻，关火后盛出煮好的粥，装在碗中即可。

鲜虾紫甘蓝沙拉

● 难易度：★★☆
● 烹饪时间：3分钟　● 功效：增强免疫

原料：虾仁70克，西红柿130克，彩椒50克，紫甘蓝60克，西芹70克

调料：沙拉酱15克，料酒5毫升，盐2克

··· 做法 ···

1 西芹切段，西红柿切瓣，彩椒切块，紫甘蓝切块。

2 锅中加清水、盐、西芹、彩椒、紫甘蓝，煮至其断生，捞出，把虾仁倒入沸水锅中，加料酒，煮1分钟至熟。

3 把西芹、彩椒、紫甘蓝倒入碗中，放西红柿、虾仁、沙拉酱，拌匀，将拌好的食材盛出，装入盘中即可。

更年期

到了更年期的女性，脾气暴躁的症状更加明显。一般认为，这与更年期女性体内雌激素、孕激素的比例失调及缺铁、钙等有关。有些女性不爱吃肉和新鲜蔬菜，爱吃糖果、糕点，这种偏食习惯造成铁摄入不足，导致女性情绪急躁易怒。所以，建议女性应适量食用一些含丰富铁质的动物性蛋白质食物，如瘦牛肉、猪肉、羊肉、鸡、鸭、鱼及海鲜等等。一方面可以扭转不良情绪，另一方面有助于大脑提高注意力，并保持精力充沛的状态。

从中医角度来看，要调节女性更年期的不良情绪，多从疏肝健脾理气入手。能够疏肝健脾理气的食物有：莲藕，能通气，还能健脾和胃，养心安神，亦属顺气佳品，以清水煮藕或煮藕粥疗效最好；玫瑰花，有疏肝理气、宁心安神的功效，沏茶时放几朵玫瑰花不但有顺气功效，还很赏心悦目，没有喝茶习惯的女性可以单独泡玫瑰花喝。

上海青炒牛肉

● 难易度：★★☆

● 烹饪时间：2分钟　● 功效：增强免疫

原料：上海青70克，牛肉100克，彩椒40克，姜末、蒜末、葱段各少许

调料：盐3克，鸡粉2克，料酒3毫升，生抽5毫升，水淀粉、食用油各适量

•• 做法 ••

1 彩椒、上海青切小块，牛肉切片。

2 牛肉片放碗中，加生抽、盐、鸡粉、水淀粉、食用油，拌匀。

3 锅中加入清水、食用油、上海青，煮至断生，捞出；油起锅，倒入牛肉、姜末、蒜末、葱段、彩椒、料酒，上海青、盐、鸡粉、生抽、水淀粉，炒熟。

虾米花蛤蒸蛋羹

● 难易度：★★☆
● 烹饪时间：10分钟　● 功效：舒缓情绪

原料：鸡蛋2个，虾米20克，蛤蜊肉45克，葱花少许

调料：盐1克，鸡粉1克

•• 做法 ••

1 取碗，打入鸡蛋、蛤蜊肉、虾米、盐、鸡粉、温开水，制成蛋液。
2 取蒸碗，倒入蛋液，搅匀。
3 蒸锅上，放入蒸碗，上锅盖，用中火蒸约10分钟至蛋液凝固，揭开锅盖，取出蒸碗，撒上葱花即可。

空心菜炒鸭肠

● 难易度：★★☆
● 烹饪时间：3分钟　● 功效：润肠通便

原料：空心菜梗300克，鸭肠200克，彩椒片少许

调料：盐2克，鸡粉2克，料酒8毫升，水淀粉4毫升，水淀粉适量

•• 做法 ••

1 空心菜切段，鸭肠切段。
2 锅中加清水、鸭肠，焯煮，捞出。
3 热锅注油，倒入彩椒片、空心菜，注入清水，倒入鸭肠，加入盐、鸡粉、料酒、水淀粉，翻炒片刻，至食材入味，关火后将炒好的菜肴盛出，装入盘中即可。

决明鸡肝苋菜汤

● 难易度：★★☆
● 烹饪时间：32分钟　● 功效：降脂明目

原料：苋菜200克，鸡肝50克，决明子10克
调料：盐2克，鸡粉2克，料酒5毫升

● ● 做法 ● ●

1 鸡肝切成片，锅中加清水、鸡肝、料酒，汆去血水，捞出。
2 砂锅中加清水、决明子，煮30分钟至其析出有效成分，将药材捞干净。
3 倒入备好的苋菜，煮至软，放入鸡肝，略煮一会儿，加入盐、鸡粉，搅拌至食材入味，关火后将煮好的汤料盛入碗中即可。

麻叶生滚鱼腩汤

● 难易度：★★☆
● 烹饪时间：93分钟　● 功效：利水消肿

原料：麻叶40克，鱼腩150克，姜片少许
调料：盐2克，鸡粉少许，料酒4毫升，花椒油适量

● ● 做法 ● ●

1 将洗净的鱼腩切形。
2 锅中注入清水烧热，撒上备好的姜片、鱼腩，淋入少许料酒，用大火煮约3分钟，至鱼腩断生，掠去浮沫。
3 放入洗净的麻叶，用中火略煮，加入盐、鸡粉、花椒油，改大火煮至食材熟透，关火后盛出煮好的鱼腩汤，装在碗中即成。

麻油鸡

- 难易度：★★☆
- 烹饪时间：46分钟
- 功效：增强免疫

原料：鸡肉块400克，水发花菇40克，姜片少许

调料：盐、鸡粉各2克，料酒6毫升，芝麻油少许

tips

氽煮鸡块时，可以加入少许料酒，能更好地去除腥味。

• •（做法）• •

1 洗净的花菇对半切开。

2 锅中注入清水烧开，倒入洗净的鸡肉块，拌匀，氽去血水，撇去浮沫，捞出，沥干水分。

3 锅中注入芝麻油，烧热，放入姜片，爆香，倒入鸡肉块、料酒，炒匀。

4 放入花菇、清水，拌匀，煮约40分钟，加入盐，续煮约5分钟，放入鸡粉，拌匀，盛出锅中的菜肴即可。

225

原料：紫菜5克，生蚝肉150克，葱花、姜末各少许
调料：盐2克，鸡粉2克，料酒5毫升

难易度：★★☆
烹饪时间…2分钟
功效…增强免疫

紫菜生蚝汤

• •（做法）• •

1 锅中注入清水烧开，倒入生蚝肉，淋入料酒，略煮一会儿。
2 将汆煮好的生蚝肉捞出，沥干水分。
3 另起锅，注入适量清水烧开。
4 倒入生蚝、姜末、紫菜。
5 加入盐、鸡粉，搅匀。
6 煮片刻至食材入味，将煮好的汤料盛入碗中，撒上葱花即可。

\ tips /
煮生蚝时不宜用力搅拌，
以免破坏生蚝的完整性。

紫菜笋干豆腐煲

● 难易度：★☆☆

● 烹饪时间：17分钟　● 功效：增强记忆

原料：豆腐150克，笋干粗丝30克，虾皮10克，水发紫菜5克，枸杞5克，葱花2克

调料：盐、鸡粉各2克

●‧‧ 做法 ‧‧●

1 洗净的豆腐切片，砂锅中注水烧热，倒入笋干、虾皮、豆腐，拌匀，加入盐、鸡粉，用大火煮15分钟至食材熟透。

2 揭盖，倒入枸杞、紫菜，加入盐、鸡粉，拌匀，关火后盛出煮好的汤，装在碗中。

3 撒上葱花点缀即可。

丝瓜排骨粥

● 难易度：★★☆

● 烹饪时间：65分钟　● 功效：补充钙质

原料：猪骨200克，丝瓜100克，虾仁15克，大米200克，水发香菇6克，姜片少许

调料：料酒8毫升，盐2克，鸡粉2克，胡椒粉2克

●‧‧ 做法 ‧‧●

1 丝瓜切成滚刀块，香菇切丁。

2 锅中注入清水烧开，倒入猪骨，淋入料酒，氽去血水，捞出。

3 砂锅中注入清水，倒入猪骨、姜片、大米、香菇、虾仁、丝瓜、盐、鸡粉、胡椒粉，煮至食材入味,将煮好的粥盛出，装入碗中即可。

菠菜芹菜粥

● 难易度：★☆☆
● 烹饪时间：37分钟　● 功效：增强免疫

原料：水发大米130克，菠菜60克，芹菜35克

● ● 做法 ● ●

1 菠菜切段，洗好的芹菜切丁。
2 砂锅中注入清水烧开，放入大米，搅拌匀，盖上盖，烧开后用小火煮约35分钟，至米粒变软，揭盖，倒入菠菜，拌匀，再放入芹菜丁，拌匀，煮至断生。
3 关火后盛出煮好的芹菜粥，装在碗中即成。

牛奶薏米红豆粥

● 难易度：★☆☆
● 烹饪时间：42分钟　● 功效：补血益气

原料：大米45克，薏米65克，红豆80克，牛奶120毫升
调料：冰糖适量

● ● 做法 ● ●

1 砂锅中注入清水烧热，倒入备好的红豆、薏米、大米，拌匀。
2 盖上盖，烧开后用小火煮约40分钟至食材熟透，倒入牛奶，拌匀。
3 放入冰糖，拌匀，煮至溶化，关火后盛出煮好的粥即可。

黑米绿豆粥

● 难易度：★★☆
● 烹饪时间：32分钟 ● 功效：补气养血

原料：薏米80克，水发大米150克，糯米50克，绿豆70克，黑米50克

★ ＼ tips ／

如果喜欢甜一点，可以加入白糖或冰糖进行调味。

•• 做法 ••

1 砂锅中注入适量清水，倒入薏米、绿豆、大米、黑米、糯米，拌匀。

2 加盖，大火煮开转小火煮30分钟至食材熟软。

3 揭盖，稍微搅拌片刻使其入味。

4 关火，将煮好的粥盛出，装入碗中即可。

红米绿豆粥

难易度：★★☆

烹饪时间：42分钟

功效：清热解毒

原料：红米、绿豆各150克

调料：白糖适量

tips

煮粥过程中要搅拌几次，以免造成粘锅产生糊味影响粥的味道。

做法

1 砂锅中注水烧开，倒入绿豆。

2 放入红米，拌匀。

3 加盖，用大火煮开后转小火续煮40分钟至食材熟软。

4 揭盖，加入白糖，拌匀至溶化，关火后盛出煮好的粥，装碗即可。